꽃보다
아름다운 잎

꽃보다
아름다운 잎

초판 1쇄 펴낸날 2016년 1월 14일
지은이 권순식, 노회은, 배준규, 손상용, 정대한, 정우철
펴낸이 박명권
펴낸곳 도서출판 한숲
신고일 2013년 11월 5일 | 신고번호 제2014-000232호
주소 서울특별시 서초구 서초대로 62 2층
전화 02-521-4626 | 팩스 02-521-4627 | 전자우편 klam@chol.com
편집 조한결 | 디자인 조진숙
출력 · 인쇄 금석인쇄
ⓒ권순식, 노회은, 배준규, 손상용, 정대한, 정우철, 2016
ISBN 979-11-951592-6-0

* 파본은 교환하여 드립니다.

* 이 도서의 국립중앙도서관 출판예정도서목록(CIP)은 서지정보유통지원시스템 홈페이지(http://seoji.nl.go.kr)와
  국가자료공동목록시스템(http://www.nl.go.kr/kolisnet)에서 이용하실 수 있습니다.(CIP제어번호 : CIP2016000508)

값 15,000원

꽃보다 아름다운 잎

권순식 노회은 배준규 손상용 정대한 정우철

감사한 분들

김용식, 김지환, 김성숙, 남기준, 남수환, 박원순, 배서인, 송기훈,
송명준, 신귀현, 오경아, 이유미, 이병철, 이정관, 원보경, 조한결, 황지해

잎처럼 다양한 개성과 아름다움을 지닌 사람들에게
꽃보다 아름다운 잎을 소개합니다.

당신에게 잎은 어떤 의미입니까

우리에게 잎은 어떤 의미일까? 먹성 좋은 사람은 쌈과 샐러드 등 잎을 이용한 다양한 요리가 떠올라 입맛이 돌 것이고 시골에서의 추억이 많은 사람은 갑자기 내린 소나기에 우산 대신 쓰고 뛰어갔던 큼직한 토란잎이 떠오를 것이다. 또 감수성이 풍부한 어떤 이는 시의 한 행을 적어 시집 사이에 끼워 두었던 색이 고운 단풍잎을 기억하기도 하고 건강에 관심이 많은 사람은 잎의 효능에 집중할 것이다.

그렇다면 정원을 가꾸는 사람에게 잎은 어떤 의미일까? 계절마다 주인공이 바뀌는 정원에서 잎은 주인공보다 조연의 역할에 머무를 때가 많지만, 이른 봄 앙증맞은 신엽이 겨울의 찬 기운 속에서 아름다운 연두색으로 움을 틔우는 모습은 대견하고 경이롭다. 한편, 단풍이 절정에 다다른 가을에는 꽃이 만발한 봄이 부럽지 않을 정도로 화려하다.

정확한 개화시기를 아는 것은
짝사랑하는 상대의 마음을 알아내는 것처럼 쉽지 않다

수목원에서는 봄꽃들이 지기 시작할 무렵이면 여기저기서 탄식이 들려온다. 꽃대만 남아 있는 튤립이나 수선화를 바라보며 아쉬워하는 관람객을 보면 가드너로서 미안한 마음마

저 든다. 수목원이나 식물원을 찾는 사람들은 꽃을 보러 오는 경우가 대부분이기 때문이다. 하지만 많은 변수로 인해 개화시기를 예측하는 것은 쉽지 않다.

많은 사람들이 좋아하는 꽃을 더욱 오래 감상할 수 있도록 가드너를 비롯한 많은 전문가들이 노력한다. 설계나 식재 계획을 세울 때 개화시기가 서로 다른 식물을 활용하기도 하고 비교적 개화기가 긴 식물을 심기도 한다. 하지만 1년에 한두 차례 수목원을 방문하는 사람들의 꽃에 대한 애정과 갈증을 충족시키기란 쉽지 않다. 1년 내내 식물의 아름다움을 볼 수 있도록 꾸며 놓은 공간이 수목원이긴 하지만 꽃을 많이 볼 수 있는 계절은 역시 봄이며 대부분의 사람들도 이 계절에 집중적으로 수목원을 찾는다. 이러한 상황은 수목원에서 오래 일한 가드너나 수목원을 오랜만에 찾은 사람에게 매년 찾아오는 계절처럼 반복되어 온 고민이고 아쉬움이다.

무늬개키버들의 잎은 이미 꽃이었다

화려한 봄꽃들은 이제 저물어가고 여름꽃들이 서서히 분발하려고 하는 5월 중순이었다. 수목원을 거닐다 늘 보아오던 당연한 모습이 다른 느낌으로 눈에 들어왔다. 낮게 자라는 라일락 품종과 독특한 무늬를 지닌 개키버들이 함께 어울려 있는 모습을 보았다. 키 작은 라일락의 풍성하고 앙증맞은 연한 자줏빛 꽃과 무늬개키버들의 세 가지 색 잎이 마치 미모 대결이라도 하듯 서로 마주하고 있었다. 세 가지 색이 섞여 있는 개키버들의 잎은 꽃과 비교해도 전혀 뒤지지 않는 아름다움을 뽐내고 있었다. 게다가 키가 작은 귀여운 라일락꽃과 함께 더욱 풍요롭고 아름다운 정원의 풍경을 만들고 있었다.

무늬개키버들뿐만 아니라 꽃처럼, 혹은 꽃보다 아름답고 관상가치가 충분한 잎을 가진 식물을 주변에서 의외로 많이 찾아볼 수 있다. 가드너를 비롯한 식물 전문가는 꽃이 부족한 정원을 흥미롭게 만들기 위해 다양한 종류의 아름답고 특색 있는 잎을 지닌 식물을 꾸준하게 개량하거나 혹은 야생에서 발견해 정원으로 불러 들였다. 물론 '두 번째 봄'이라고 부를 만큼 각양각색 단풍으로 물드는 가을의 잎이 눈을 즐겁고 행복하게 하지만, 사계절 꾸준히 아름다운 개성을 뽐내는 잎도 생각보다 다양하다. 꽃처럼 아름답고 관상가치가 높은 식물의 기관도 존재하며 그중에서도 잎의 가치와 잠재된 아름다움에 주목할 이유가 충분하다.

잎의 아름다움과 개성

꽃이 밤하늘을 화려하게 수놓는 불꽃놀이를 닮았다면 잎은 늘 같은 자리에서 반짝이는 별을 닮았다. 꽃이 달콤하고 아찔한 향기를 풍긴다면 잎은 그들만의 은은하고 그윽한 향기를 풍긴다. 순간의 아름다움을 디자인하기 위해서는 꽃이 효율적이지만 지속적인 아름다움을 디자인하기 위해서는 잎의 도움이 필요하다. 꽃의 화려함에 익숙해졌다면 이제 잎의 은은함과 꾸준함에 관심을 가져야 한다.

정원을 가꾸고 디자인하는 것은 화가의 활동과 크게 다르지 않다. 그림을 그리는 사람에게 다양한 색은 작품의 깊이와 관계가 깊다. 정원은 가드너가 그림을 그려나가는 캔버스이며 식물은 색과 질감을 담당한다. 이 책을 통해 가든 디자이너들에게는 다양한 빛을 지닌 재료를 소개하고 정원을 가꾸는 이들에겐 좀 더 넓은 식재 선택의 범위를 제시하고 싶다.

책을 쓰는 것은 정원을 만들어 내는 것처럼 뿌듯하고 행복한 일이다. 이 책을 통해 잎에 대한 가장 주관적인 감정과 태도를 말하고 싶다. 또한 개성 있고 아름다운 잎에 대한 객관적인 정보도 함께 전달하고자 한다. 계절이 지나 더욱 짙은 매력을 뿜어내는 잎처럼 이 책 또한 시간이 지날수록 깊은 빛을 낼 수 있길 기대한다.

잎처럼 다양한 개성과 아름다움을 지닌 사람들에게 꽃보다 아름다운 잎을 소개한다. 우리가 애정 어린 눈으로 잎에 관심을 쏟는다면 식물은 잎을 내밀어 악수를 청할 것이다.

2016년 꽃 대신 눈꽃이 만발한 계절에
권순식, 노회은, 배준규, 손상용, 정대한, 정우철

012

무늬가 아름다운 잎

Variegated foliage

072

황금색으로 빛나는 잎

Golden foliage

102

은색을 품고 있는 잎

Silver foliage

116

자주색이 강렬한 잎

Plum foliage

136

이국적 정취가 느껴지는 잎

Exotic foliage

❚ 이 책을 보는 법

일러두기

1. 이 책은 꽃처럼 아름답고 관상가치가 높은 잎을 가진 식물 소재를 일반인들이
   쉽게 활용할 수 있도록 구성하였다.
2. 국내에서 유통되고 있는 식물을 중심으로 하였으며, 일반적인 조경 식물은 최소화하였다.

외국 품종명에 대한 이해를 돕기 위하여 국립수목원에서 발간한 국가표준식물목록(2010)을 기준으로 국명을 정리하였으며, 소개되지 않은 식물에 대해서는 그에 준하는 기준과 원칙에 따라 작성하되 간혹 매끄럽지 않은 이름은 필자들의 추천명으로 대체하였다.

식물 생육 조건과 관련된 광량 및 관수에 대한 정보와 수고, 수관폭은 심볼로 간단히 표시하였다.
광 요구도는 양지/반그늘/그늘의 3단계로 구분하였고, 수분 요구도는 건조지/적윤지/습윤지의 3단계로 구분하여 표시하였다.
🔆 : 양지, 🌤 : 반그늘, ⛅ : 그늘
💧 : 건조지, 💧 : 적윤지, 💧 : 습윤지
(양지와 반그늘에 모두 해당할 경우는 🌤 로 표시)
⫞는 수고, ↔는 수관폭을 의미한다.

이 책에 수록된 식물의 경우, 재배 품종이 많은 특성을 고려하여 세계적으로 권위 있는 RHS(영국왕립원예협회) Plant Finder를 기준으로 과명, 학명 및 품종명을 우선적으로 정리하였으며, IPNI(International Plant Name Index)도 함께 참고하였다.

에빙게이보리장 '라임라이트'   Zone7(-18℃)

보리수나무과Elaeagnaceae
Elaeagnus × *ebbingei* 'Limelight'
⫞ 3m ↔ 3m
상록활엽관목. 잎 중앙에 노란색 또는 연한 녹색 무늬가 있다. 어린 잎은 은색빛이 돈다. 꽃은 가을에 작은 종모양으로 크림색 꽃이 피며 향기가 좋다. 열매는 붉은색 타원형으로 봄에 달린다.
Tip. 생장 속도가 빠르며, 지속적인 선성을 통해서 생울타리로 이용하여도 좋다.

좀사철나무 '에메랄드 게이어티'   Zone5(-29℃)

노박덩굴과Celastraceae
Euonymus fortunei 'Emerald Gaiety'
⫞ 0.5m ↔ 1.5cm
상록활엽관목. 잎은 타원형이며 가장자리에 불규칙한 흰색 무늬가 있다. 겨울에는 잎이 핑크색으로 변한다. 꽃은 늦봄에 연녹색으로 간간히 핀다.
Tip. 독립적인 형태로 자라며, 벽 가까이에 심을 경우 벽면을 타고 올라가며 자란다.

좀사철나무 '에메랄드 골드'   🌤 💧 Zone5(-29℃)

노박덩굴과Celastraceae
Euonymus fortunei 'Emerald'n' Gold'
⫞ 0.1~0.5m ↔ 0.5m
상록활엽관목. 잎은 초록색으로 가장자리에 넓은 황금색의 무늬가 있다. 가을, 겨울철 분홍색으로 단풍이 든다. 꽃은 늦봄에 연녹색으로 간간히 핀다.
Tip. 잎과 줄기가 빽빽하며 낮게 자란다. 낮은 울타리나 경계 식재로 적당하다.

식물 생육에 있어서 가장 중요한 내한성은 전 지역을 기상청의 30년간(1985~2014) 자료를 기초로 USDA 식물 내한성 구역에 맞춰 작성하였으며, 전 세계 식물 내한성 구역존과 기준을 통일시킴으로써 국내외 식재 가능지역에 대한 식물 내한성 구역은 부록에 별도로 수록하여 독자의 이해를 돕도록 하였다. 각 식물의 식물 내한성 구역 선정은 국내외 주요 문헌을 참고하였으며, 간혹 문헌과 다른 Zone으로 선정되어 있다고 판단되는 경우 국내 지역별 식물원 및 수목원에서 실제 노지 생육이 가능한 범위를 토대로 작성하였다.

좁은잎원예사철 🍂 💧 Zone6(23℃)

노박덩굴과Celastraceae
Euonymus japonicus 'Microphyllus Albovariegatus'
0.1~0.5m ·· 0.1~0.5m

상록활엽관목, 잎이 작고 초록색으로 가장자리에 흰색 무늬가 있다. 간간히 늦봄에 꽃이 피고 가을에 열매가 달린다.
Tip. 작은 크기의 식물로 화단의 가장자리나 화분재배용으로 식재하기 좋다. 암석원과 같은 돌틈 주변에 식재하여도 좋다.

번식, 전지, 시비, 방제 등 식물 관리에 대한 추가적인 설명이 필요한 경우, 별도로 식물 하단에 소개하였다.

사철나무 '오바투스 아우레우스' 🍂 ● 💧 Zone6(23℃)

노박덩굴과Celastraceae
Euonymus japonicus 'Ovatus Aureus'
1.5m ·· 1m

상록활엽관목. 어린 잎은 완전한 노란색이지만 어느 정도 크면 초록색 바탕에 노란색 줄무늬가 들어간다. 꽃은 여름에 연한 녹색으로 핀다.
Tip. 생울타리용으로 식재 가능하며, 주기적인 전정을 통하여 색을 유지하는 것이 좋다.

영국왕립원예협회(RHS)에서 정원 식물로서의 대중적 가치를 인증 받은 AGM Plants(Award of Garden Merit)인 경우 그 마크를 표기하였다.

01
Variegated
foliage 무늬가 아름다운 잎

Variegated foliage

무늬가 아름다운 잎

잎의 무늬에 익숙하지 않은 사람들은
정원의 식물들이 병들거나 해충의 피해를 입었다고 오해하는 경우가 종종 있다.

잎의 무늬에 익숙하지 않은 사람들은 식물이 병들거나 해충의 피해를 입었다고 오해하는 경우가 종종 있다. 오랜 기간 정원에 아름다움을 더하는 무늬를 가진 수종들은 야생에서, 혹은 정원에서 우연히 발견된다. 크림색, 하얀색, 노란색, 분홍색 등 다양한 색의 무늬를 지닌 잎은 캐노피를 더욱 밝고 풍성하게 한다.

무늬종의 잎은 엽록소가 적어 전체적으로 녹음이 짙은 수종보다 비교적 수세가 약하다. 대부분의 무늬종은 회귀 본능Reversion이 있어서 초록색 순을 피우려 한다. 회귀 본능을 보이는 새순들은 다시 무늬가 나타날 수 있도록 지속적으로 따주어야 한다. 무늬가 있는 새순보다 초록색의 새순의 성장이 왕성하기 때문에 관리 없이 방치하게 되면 무늬를 지닌 잎이 사라지고 일반적인 초록색 잎으로 변하게 된다.

단순한 패턴이 반복되는 무늬, 별자리를 흩어 놓은 듯한 무늬, 백자에 새겨진 단정하고 고운 선을 닮은 무늬, 유혹하는 듯한 화려한 무늬 등 잎이 지닌 무늬는 다양하다. 잎에 새겨진 무늬는 선사시대 동굴의 벽화처럼 많은 이야기를 담고 있다. 페루의 거대한 평원에 새겨진 나스카 문양에 버금가는 감동과 비밀이 잎에 아로새겨져 있다. 잎의 무늬에서 식물이 보내는 메시지를 읽어보자.

무늬가 들어간 종과 무늬가 없는 종이 함께 자라며 무늬 벽화를 만들어냈다.

천리포수목원의 무늬원

다양한 무늬를 가진 식물들을 모아 테마정원을 조성했다.

꽃과는 다른 개성과 매력으로 가득 찬 공간을 연출할 수 있다.

시원하게 뻗은 창포에 황금색 무늬가 더해져
은색의 구조물과 대비를 이루며 더욱 선명한 분위기를 연출한다.
금속이 주는 차가운 느낌에 따스함을 더한다.

개울가에 식재된 무늬개키버들

꽃보다 아름다운 잎이 정원에 화사한 분위기를 더한다.

해의 방향에 따라, 혹은 계절에 따라 잎은 항상 다른 빛깔을 띤다.

주변을 더욱 밝고 화사하게 만드는 무늬노랑꽃창포

꽃이 피기 전후에도 꾸준히 빛을 발한다.

칼라디움^{caladium}의 잎 모양과 빛깔도 개성이 넘치지만

비교적 큰 순백의 무늬 또한 잎맥을 더욱 도드라지게 해 시선을 끈다.

하얀 벽을 배경으로 무늬너도밤나무

'퍼퍼레아 트리컬러' *Fagus sylvatica* (Variegata Group) 'Purpurea Tricolor'

잎의 퍼플, 핑크, 베이지 세 가지 색이 어우러진다.

미국의 찬티클리어 가든은 아름다운 잎으로 덮인 수벽이 배웅한다.

 꽃댕강나무 '콘티' ☼ ◐ Zone6(-23℃)

인동과Caprifoliaceae
Abelia x *grandiflora* 'Conti'
⃒ 1m ⋯ 1.5m
낙엽활엽관목. 수형은 작고 반원형으로 자라며 잎은 녹색바탕에 흰색의 테두리가 있다. 잎의 무늬가 겨울에는 약간 붉은색을 나타내기도 한다. 꽃은 여름에 흰색으로 피지만, 잎의 무늬가 꽃보다 더 돋보인다.
Tip. 가뭄에 강한 특성을 가지고 있다. 일부 중부이남지역에서는 상록으로 자라기도 한다. 겨울철 줄기가 약간 붉어진다.

 네군도단풍 '엘레간스' ☼ ☀ ◐ ◑ Zone3(-40℃)

무환자나무과Sapindaceae
Acer negundo 'Elegans'
⃒ 9~12m ⋯ 3~6m
낙엽활엽교목. 전체적인 수형은 크지 않으나. 성장이 빠른 편이다. 잎은 일반 단풍나무와 다른 깃모양인 것이 특징이다. 잎의 색은 여름에 녹색과 노란색이 같이 섞여 있다가 가을에 붉은색과 황금색으로 단풍이 든다.
Tip. 식재 장소가 습할 경우 잎의 색이 탈색될 수 있다.

네군도단풍 '플라밍고' ☼ ☀ ◐ ◑ Zone4(-34℃)

무환자나무과Sapindaceae
Acer negundo 'Flamingo'
⃒ 15m ⋯ 10m
낙엽활엽교목. 이른 봄 잎에 흰색과 핑크색의 무늬가 들어가다가 여름에는 흰색으로 가을에는 노란색으로 변한다. 잎의 무늬는 전체가 흰색이거나 부분적으로 나타나는 등 불규칙한 형태이다.
Tip. 성장이 빠른 편이며 둥근 원추형으로 자란다. 꽃은 봄에 녹황색으로 핀다.

무늬네군도단풍 Zone4(-34℃)

무환자나무과Sapindaceae

Acer negundo 'Variegatum'

⫶8m ⋯ 7m

낙엽활엽교목. 꽃은 이른봄에 흰색으로 피고, 어린가지의 수피색은 약간 붉은색을 띠고 있다.

잎은 가장자리에 흰색의 줄무늬가 들어가는 편이지만 불규칙하게 나타나기도 한다. 네군도단풍 '플라밍고'보다는 덜 불규칙적이다.

Tip. 습한 알카리성 토양에서 잘 자라는 편이다. 잎이 약간 뒤틀리는 형태로 자라는 경향이 있다. 공원이나 정원에 독립수로 식재하면 좋다.

일본산겨릅 '하츠유키'  Zone5(-29℃)

무환자나무과Sapindaceae

Acer rufinerve 'Hatsuyuki'

⫶6~9m ⋯ 6~9m

낙엽활엽교목. 직립형으로 크게 자라지 않는다. 잎은 녹색 바탕에 흰색 점무늬가 있는 것이 특징이다. 가을에는 흰색무늬가 노란색 또는 오렌지 색으로 변한다.

Tip. 수피에 녹색의 세로줄무늬가 있어 겨울철 수피 감상용으로 식재하여도 좋다.

쥐다래   ☼ 💧   Zone4(-34℃)

다래나무과Actinidiaceae

Actinidia kolomikta

⫟ 4~8m ⋯ 4~8m

낙엽만경목. 잎은 달걀모양으로 봄에는 녹색바탕에 흰색 무
늬가 들어가다가 여름에는 분홍색으로 변한다. 꽃은 5월에
흰색으로 피고, 열매는 9~10월에 달린다.

Tip. 열매는 식용이 가능하며 한방에서 약재로도 사용된다.

무늬산미나리   ☼ ☀ 💧   Zone3(-40℃)

미나리과Apiaceae

Aegopodium podagraria 'Variegatum'

⫟ 20~30cm ⋯ 40~50cm

다년초. 잎은 초록색 바탕에 가장자리에 흰색 무늬가 나타나
는데, 봄부터 가을까지 밝은 색의 느낌을 주는 것이 특징이
다. 수형은 낮게 자라며 지피식물로 많이 이용된다.

Tip. 생장력이 좋은 식물이다. 건조하면 잎이 타기 때문에 수
분 관리에 유의해야 한다. 번식은 포기나누기로 하며 봄이나
가을에 한다.

개다래   ☼ ☀ 💧   Zone4(-34℃)

다래나무과Actinidiaceae

Actinidia polygama

⫟ 4~6m ⋯ 4~6m

낙엽만경목. 우리나라 산지에 흔히 볼 수 있는 식물이다. 꽃
은 6~7월에 흰색으로 피고, 특이하게 꽃이 필 무렵 잎 앞면
상부에 흰색 페인트를 칠한 것 같은 무늬가 나타난다.

Tip. 목재 울타리나 담장 주변에 식재하면 좋다. 정기적인
전정 작업을 통해 너무 무성하게 자라지 않게 관리해주는 것
도 좋다.

브레비페둔쿨라타개머루 '엘레간스'　　　　Zone4(-34℃)

포도과Vitaceae

Ampelopsis brevipedunculata 'Elegans'

⫶ 2.5~4m ⋯ 1.5~2.5m

낙엽만경목. 성장속도가 빠른편이고, 꽃은 여름에 녹색으로
핀다. 열매는 가을에 둥근 모양으로 달리고 색은 연한 파란색
이다. 어린잎은 봄에 연한 붉은색 빛의 무늬가 들어가다가 차
츰 흰색으로 변한다.
Tip. 반음지에서도 잘자라나 좋은 열매와 잎의 색이 잘 나타
나기 위해서는 양지에서 자라는 것이 좋다.

 두릅나무 '빅뱅'　　　　Zone3(-40℃)

두릅나무과Aralaceae

Aralia elata 'Big Bang'

⫶ 4~6m ⋯ 6~9m

낙엽활엽관목. 원줄기가 곧게 자라고, 잎은 흰색 물감을 뿌
린 듯 은은하게 무늬가 있는 것이 특징이다. 꽃은 여름에 피
고 가을에 검은색의 둥근 모양으로 열매가 달린다.
Tip. 잎과 줄기에 가시가 있다.

 무늬물대　　　　Zone5(-29℃)

벼과Poaceae

Arundo donax var. *versicolor*

⫶ 250cm ⋯ 100cm

다년초. 직립형으로 자라며 잎은 길고 초록색 바탕에 가장자
리에 흰색의 무늬가 있으며 거칠다. 일부 잎은 완전히 흰색
의 잎을 나타내기도 한다. 꽃은 늦여름과 가을에 핀다.
Tip. 일부 추운 지역인 경우 늦가을에 줄기를 잘라주고 뿌리
주변에 멀칭을 해주면 좋다. 주변이 어두운 곳이나 초록색
잎의 식물 근처에 식재하면 더욱 돋보인다.

무늬벌개미취 ☼ ☀ 💧 Zone4(-34℃)

국화과Asteraceae
Aster koraiensis (Variegated)
⥮ 60~90cm ⋯ 50~60cm

다년초. 형태는 곧게 자라는 성질이며, 잎은 긴 타원형으로
연한 노란색의 불규칙한 무늬가 있다. 꽃은 여름과 가을에
연한 자주빛으로 줄기와 가지 끝에 한송이씩 달린다.
Tip. 지하경이 발달하여 쉽게 퍼진다. 식재 후 무늬가 없어
지는 경우도 있다.

식나무 '크로토니폴리아'   💧 Zone7(-18℃)

가리야과Garryaceae
Aucuba japonica 'Crotonifolia'
⥮ 2.5m ⋯ 2.5m
상록활엽관목. 잎은 피침형으로 녹색 바탕에 노란색 점무늬
가 있어 멀리에서도 잘 보인다. 일부 잎은 초록색보다 노란
색이 더 많이 나타나기도 한다. 열매는 가을에 붉은색으로
둥글게 달린다.
Tip. 군락으로 식재할 경우 겨울철에 더 아름다운 모습을 볼
수 있다.

 식나무 '술푸레아' ☀ ☀ ◐ Zone8(-12℃)

가리야과Garryaceae

Aucuba japonica 'Sulphurea'

⫶ 3m ⋯ 3m

상록활엽관목. 잎은 긴 피침형으로 녹색과 노란색의 줄무늬
가 있다. 새로 나오는 잎에 색이 더 강하게 나타나는 편이다.
Tip. 전정을 하지 않아도 반원형 형태로 자란다. 교목 아래
군락으로 식재하면 좋다.

 무늬작살나무 ☀ ☀ ◐ Zone5(-29℃)

광대나무과Lamiaceae

Callicarpa japonica 'Variegata'

⫶ 1~1.5m ⋯ 1~1.5m

낙엽활엽관목. 잎에 흰색의 불규칙한 무늬가 있다. 일부 잎
의 색은 완전한 흰색을 나타내기도 한다. 가을에 보라색의
열매가 달린다.
Tip. 잎의 무늬는 반음지에서 가장 잘 나타나고, 강한 햇빛
은 잎에 피해를 줄 수 있다.

☀ ☀ ◐

셈페르비렌스회양목 '엘레간티시마' Zone6(-23℃)

회양목과Buxaceae

Buxus sempervirens 'Elegantissima'

⫶ 1.5m ⋯ 1.5m

상록활엽관목. 일반적인 회양목과 비슷한 성질을 가지고 있
다. 잎은 녹색바탕에 연한 노란색 줄무늬 테두리가 있는 것
이 특징이고, 전체적으로 황금색의 느낌이 난다.
Tip. 일부 추운 지역에서는 겨울철 바람이 드문 곳에 식재해
야 하며 봄철 회양목명나방 피해에 주의해야 한다. 잎 주변
에 거미줄 같은 것이 보이면 즉시 방제해야 한다.

코니카사초 '스노우라인'   Zone5(-29℃)

사초과Cyperaceae
Carex conica 'Snowline'
⫶ 15cm ⟶ 25cm
상록다년초. 크기는 작은 편이며, 잎은 녹색바탕에 가장자리
에 흰색 무늬가 있는 것이 특징이다. 이름처럼 하얀 눈이 잎
에 내려 앉은 느낌이 든다. 꽃은 자주색으로 늦은 봄에 나타
난다.
Tip. 이른 봄에 묵은 잎을 제거하면 깔끔하다.

무늬모로위사초   Zone5(-29℃)

사초과Cyperaceae
Carex morrowii 'Variegata'
⫶ 40cm ⟶ 60cm
상록다년초. 반원형태로 자라며 중간 크기의 그라스 종류이
다. 잎은 다른 사초에 비해 직립하는 성질이 있고 녹색바탕
에 가장자리에는 흰줄무늬가 들어가 있다.
Tip. 오래된 식물은 뿌리를 분주하여 번식하며, 너무 작게
분주할 경우 고사할 위험이 있다. 화단의 가장자리에 식재하
면 좋다.

모로위사초 '아이스 댄스' Zone5(-29℃)

사초과Cyperaceae
Carex morrowii 'Ice Dance'
⫶ 45cm ⟶ 45cm
상록다년초. 반원형으로 자라며 중간 정도의 크기이다. 잎은
길고 녹색바탕에 흰색줄무늬가 들어가있다. 코니카사초 '스
노우라인'에 비하면 녹색의 느낌이 더 강한 편이다.
Tip. 화단의 가장자리에 식재하여도 좋다. 이른 봄에 지저분
한 잎을 제거하는 것이 좋다.

오스히멘시스사초 '에버골드' ☀ 🌤 💧 Zone6(-23℃)

사초과Cyperaceae

Carex oshimensis 'Evergold'

⌀ 30cm ⋯ 40cm

상록다년초. 반원형태의 중소형의 그라스로 다른 그라스 품종과 달리 잎 중앙이 진한 황금색이고 양쪽 가장자리에는 녹색 줄무늬가 있다. 일부 잎의 색은 전체가 황금색인 경우도 있다.

Tip. 이른봄 강전정을 하면 깨끗한 잎을 유지할 수 있고, 주변에 검은색을 띤 사초과 식물을 같이 심으면 더욱더 경관이 좋아진다.

대사초 '골든 폴스' ☀ 🌤 💧 Zone4(-34℃)

사초과Cyperaceae

Carex siderosticha 'Golden Falls'

⌀ 20cm ⋯ 30cm

다년초. 잎은 길고 피침형으로 노란색 바탕에 연한 녹색 줄무늬 테두리가 있다.

Tip. 화단 가장자리나 습기가 많은 곳에 심으면 좋다.

무늬리파리아사초 ☀ 🌤 💧 Zone4(-34℃)

사초과Cyperaceae

Carex riparia 'Variegata'

⌀ 50cm ⋯ 50cm

다년초. 직립으로 자라는 성질이고, 새잎은 전체가 흰색이었다가 점차 무늬가 있는 색으로 변한다. 꽃은 여름에 갈색으로 핀다.

Tip. 연못 주변이나 물이 차 있는 곳에 심어도 잘 자란다.

누린내풀 '스노우 페어리' ☼ ◌ Zone6(-23℃)

꿀풀과Lamiaceae

Caryopteris divaricata 'Snow Fairy'

⁞ 60~90cm ↔ 60~90cm

다년초. 잎을 비비면 좋지 않은 냄새가 나서 누린내풀이라 부른다. 잎은 연한 녹색 바탕이고, 테두리에 불규칙한 흰색 무늬가 들어가 마치 잎에 눈이 내린 듯한 느낌이 들게 한다. 여름에 연한 보라색의 꽃이 핀다.

Tip. 습하고 척박한 토양에서도 잘 견딘다.

편백 '마리에시' ☼☼ ◊ ◌ Zone4(-34℃)

측백나무과Cupressaceae

Chamaecyparis obtusa 'Mariesii'

⁞ 1.8m ↔ 1.5m

상록침엽관목. 잎의 색은 연한 녹색과 황금색이 불규칙하게 들어가 있다. 강한 햇빛에는 전체가 연한 황금색으로 변하는 느낌이 든다.

Tip. 성장 속도가 느리며, 작은 정원에 어울린다. 음지에 식재할 경우 잎의 색이 변할 수 있다.

비쭈기나무 '포르투네이' ☼ ☀ ● Zone7(-18℃)

펜타필락스과Pentaphylacaceae

Cleyera japonica 'Fortunei'

2.5m ⋯ 1.5m

상록활엽관목. 잎은 짙은 녹색바탕에 가장자리에 크림색 또
는 핑크색의 무늬가 불규칙하게 들어가 있다. 겨울눈의 모양
이 비쭉해서 비쭈기나무라고 한다. 꽃은 늦은봄과 여름사이
에 피고 가을에 열매가 달린다.

Tip. 화단 내 교목류 아래 식재하면 적당하며, 산성토양에서
잘 자란다. 추위에 약한 편이어서 겨울철뿌리 주변에 멀칭을
두껍게 해서 동해 피해가 없도록 보호해 주는 것도 좋다. 전
정은 이른봄에 하는 것이 효과적이다.

흰말채나무 '엘레간티시마' ☼ ☀ ● Zone2(-46℃)

층층나무과Cornaceae

Cornus alba 'Elegantissima'

2m ⋯ 2m

낙엽활엽관목. 잎은 연한 녹색 바탕에 흰줄무늬 테두리가 불
규칙하게 들어가 있다.

Tip. 사계절 내내 관상가치가 높은 식물이다. 봄,여름,가을에
는 흰색줄무늬 잎을 볼 수 있고, 겨울철에는 빨간색 줄기가
아름다우며, 매년 이른 봄 싹이 나기 전에 지상부에서 강전
정을 해야 줄기색이 진한 빨간색으로 유지된다.

산딸나무 '골드 스타' ☼ ☀ ● Zone5(-29℃)

층층나무과Cornaceae

Cornus kousa 'Gold Star'

4.5m ⋯ 4m

낙엽활엽교목. 잎은 초록색이며 가운데 노란색 무늬가 있다.
가을철 붉은색에서 분홍색의 단풍이 들며, 딸기모양의 붉은
열매가 달린다. 꽃은 늦은 봄에 흰색으로 핀다.

Tip. 산성토양에서 잘 자라며 알카리성 토양에서는 잎색이
변색 된다. 겨울철 한건 피해를 주의하고 뿌리 주변에 멀칭을
하는 것도 좋다.

무늬층층나무  ☀ 🌤 💧 Zone5(-29℃)

층층나무과Cornaceae

Cornus controversa 'Variegata'

↕ 4~6m ↔ 4~6m

낙엽활엽교목. 잎의 색은 연한 녹색바탕에 흰색줄무늬 테두

리가 불규칙하게 들어가 있다. 새잎은 분홍빛을 띠며, 멀리
서 나무 잎을 바라보면 거의 흰색에 가까워 아름답다.

Tip. 가지가 층층으로 뻗은 아름다운 수형과 밝은 흰색의 잎
은 독립수로 충분하다.

산딸나무 '스노우보이'   Zone5(-29℃)

층층나무과Cornaceae

Cornus kousa 'Snowboy'

5~6m ··· 3~5m

낙엽활엽교목. 잎은 연한 초록색으로 가장자리에 흰색 무늬가 들어가 있다. 가을철 붉은색에서 분홍색의 단풍이 든다. 꽃은 늦은 봄에 흰색으로 핀다.

Tip. 나무 성장이 더딘 편이며, 알카리성 토양이나 도시의 오염에 의해 잎이 변색 될 수 있다.

산딸나무 '울프 아이스'   Zone5(-29℃)

층층나무과Cornaceae

Cornus kousa 'Wolf Eyes'

3m ··· 6m

낙엽활엽교목. 잎은 초록색으로 가장자리에 흰색 무늬가 있다. 가을철 붉은색에서 분홍색으로 단풍이 들며, 딸기처럼 붉은 열매가 달린다. 꽃은 늦은 봄에 흰색으로 핀다.

Tip. 독립수로 심어도 좋으나, 수고보다 폭이 넓게 자랄 수 있는 점을 고려하여 식재 해야 한다. 산성토양에서 잘 자라고 초기 식재 시에는 충분한 관수가 필요하며, 가뭄에 의해 잎이 갈변 할 수 있다. 성장이 더딘 편이다.

코움시클라멘 Zone5(-29℃)

앵초과Primulaceae

Cyclamen coum

10cm ↔ 10cm

구근다년초. 늦겨울에서 이른 봄에 분홍색 꽃이 피며, 무늬
가 있는 둥근 잎이 함께 올라온다.

Tip. 여름철 강한 햇빛을 피할 수 있고, 배수가 잘되는 낙엽
성 나무 아래에 식재하면 좋다. 주로 자가 번식을 하며, 기온
이 선선할 때 씨앗을 물에 12시간 정도 담가 두었다가 파종
하며, 2~3년 후에 꽃이 핀다.

무늬애기말발도리 Zone4(-34C)

수국과Hydrangeaceae

Deutzia gracilis 'Variegata'

0.8cm ↔ 0.8cm

낙엽활엽관목. 잎 가장자리에 크림색빛 노란색 무늬가 있다.
꽃은 봄에 흰색으로 핀다.

Tip. 봄 서리에 피해를 볼 수 있다.

무늬아트로푸르푸레우스개야광 Zone5(-29℃)

장미과Rosaceae

Cotoneaster atropurpureus 'Variegatus'

0.5m ↔ 1m

낙엽활엽관목. 잎은 작으며 초록색 바탕에 흰색 무늬가 있다.
가을철에 붉은색의 단풍이 들며, 열매는 붉은색으로 새들이
좋아하는 먹이다. 봄에 흰색에서 분홍색의 작은 꽃이 핀다.

Tip. 주로 화단 경계석 위에 심어 아래로 늘어지게 식재 하
는 것이 좋다. 지역에 따라 상록으로 자란다.

     Zone5(-29℃)

수국과Hydrangeaceae
Deutzia scabra 'Variegata'
1~1.5m ⋯ 1m
낙엽활엽관목. 잎에 흰색 얼룩 무늬가 있다. 꽃은 늦봄에 흰색 또는 연분홍색으로 핀다.
Tip. 꽃 향기가 좋아 밀원식물로 이용 가능하다. 강한 햇빛에 잎이 피해를 볼 수 있으나, 바로 새로운 잎이 나온다.

   Zone4(-34℃)

콜키쿰과Colchicaceae
Disporum sessile 'Variegatum'
60cm ⋯ 60cm
다년초. 뿌리줄기가 옆으로 기며 번식한다. 잎은 긴타원형으로 가장자리에 흰색 무늬가 있다. 꽃은 종모양으로 봄에 연녹색으로 핀다.
Tip. 이른 봄에 뿌리줄기를 잘라 번식한다. 유기물이 풍부하고 시원한 곳을 좋아하므로 강한 햇빛과 높은 기온을 피할 수 있는 곳에 식재해야 한다.

   Zone7(-18℃)

보리수나무과Elaeagnaceae
Elaeagnus pungens 'Variegata'
4m ⋯ 5m
상록활엽관목. 잎은 긴타원형으로 초록색 바탕에 가장자리에 아이보리색의 무늬가 있다. 꽃은 가을에 작은 종모양으로 크림색 꽃이 피며 향기가 좋다. 열매는 봄에 타원형으로 은빛 갈색에서 붉은색으로 익는다.
Tip. 수형은 불규칙하며 전정에 강하다. 어린 줄기는 가시가 있어 전정 시 주의해야 한다. 염분, 가뭄 및 병충해에 강하다.

에빙게이보리장 '라임라이트'   Zone7(-18℃)

보리수나무과Elaeagnaceae

Elaeagnus × ebbingei 'Limelight'

⌐ 3m ⟷ 3m

상록활엽관목. 잎 중앙에 노란색 또는 연한 녹색 무늬가 있
다. 어린 잎은 은색빛이 돈다. 꽃은 가을에 작은 종모양으로
크림색 꽃이 피며 향기가 좋다. 열매는 붉은색 타원형으로
봄에 달린다.

Tip. 생장 속도가 빠르며, 지속적인 전정을 통해서 생울타리
로 이용하여도 좋다.

좀사철나무 '에메랄드 게이어티'   Zone5(-29℃)

노박덩굴과Celastraceae

Euonymus fortunei 'Emerald Gaiety'

⌐ 0.5m ⟷ 1.5cm

상록활엽관목. 잎은 타원형이며 가장자리에 불규칙한 흰색
무늬가 있다. 겨울에는 잎이 핑크색으로 변한다. 꽃은 늦봄
에 연녹색으로 간간히 핀다.

Tip. 독립적인 형태로 자라며, 벽 가까이에 심을 경우 벽면
을 타고 올라가며 자란다.

좀사철나무 '에메랄드 골드'   Zone5(-29℃)

노박덩굴과Celastraceae

Euonymus fortunei 'Emerald'n' Gold'

⌐ 0.1~0.5m ⟷ 0.5m

상록활엽관목. 잎은 초록색으로 가장자리에 넓은 황금색의
무늬가 있다. 가을, 겨울철 분홍색으로 단풍이 든다. 꽃은 늦
봄에 연녹색으로 간간히 핀다.

Tip. 잎과 줄기가 빽빽하며 낮게 자란다. 낮은 울타리나 경계
식재로 적당하다.

좁은잎흰테사철　☀ ☀ ◐ 　Zone6(-23℃)

노박덩굴과Celastraceae
Euonymus japonicus 'Microphyllus Albovariegatus'
0.1~0.5m ‥ 0.1~0.5m

상록활엽관목. 잎이 작고 초록색으로 가장자리에 흰색 무늬
가 있다. 간간히 늦봄에 꽃이 피고 가을에 열매가 달린다.
Tip. 작은 크기의 식물로 화단의 가장자리나 화분재배용으로
식재하기 좋다. 암석원과 같은 돌틈 주변에 식재하여도 좋다.

　☀ ☀ ◐
사철나무 '오바투스 아우레우스'　Zone6(-23℃)

노박덩굴과Celastraceae
Euonymus japonicus 'Ovatus Aureus'
1.5m ‥ 1m
상록활엽관목. 어린 잎은 완전한 노란색이지만 어느 정도 크
면 초록색 바탕에 노란색 줄무늬가 들어간다. 꽃은 여름에
연한 녹색으로 핀다.
Tip. 생울타리용으로 식재 가능하며, 주기적인 전정을 통하
여 색을 유지하는 것이 좋다.

설악초 ☼ ◊

대극과Euphorbiaceae
Euphorbia marginata
⟊ 30~90cm ⋯ 30cm
일년초. 잎은 연녹색으로 가장자리에 흰색 무늬가 있다. 늦
여름에 꽃은 줄기 끝에 잎과 같이 생기 포(苞)와 함께 흰색으
로 핀다.
Tip. 스스로 종자를 퍼트려 자란다. 가지를 자르면 나오는
흰 유액은 피부 알레르기를 유발 할 수 있다.

무늬사스레피나무 ☼ ☀ Zone8(-12℃)

펜타필락스과Pentaphylacaceae
Eurya japonica 'Variegata'
⟊ 3m ⋯ 3cm
상록활엽관목. 잎의 초록색으로 가장자리에 흰색의 무늬가
있다. 꽃은 봄에 황록색으로 피며 고약한 냄새가 난다. 열매
는 가을에 자흑색의 둥근 모양으로 달린다.
Tip. 원종인 사스레피나무는 주로 우리나라, 일본, 중국 등의
바닷가 산기슭에 자생하는 종으로 화환과 꽃다발의 소재로
주로 사용된다.

무늬콤팍타호장근 ☼ ☀ ◊ Zone5(-29℃)

마디풀과Polygonaceae
Fallopia japonica var. *compacta* 'Variegata'
⟊ 120~180cm ⋯ 100~150cm
다년초. 줄기가 목질화되어 목본으로 오해하기 쉬우나 초본이
다. 스프레이로 뿌린 듯 한 크림색 무늬가 인상적인 식물이다.
Tip. 늦가을에 줄기를 밑동에서 잘라 정리해 주면 좋다. 생장
이 매우 빠르므로 주변 식물을 감안하여 식재해야 한다.

털머위 '아르겐테움'   Zone7(-18℃)

개미취과Asteraceae

Farfugium japonicum 'Argenteum'

⁞60cm ⋯ 60cm

상록다년초. 잎은 호박 잎을 닮았으며 흰색 무늬가 있다. 늦
여름 곧게 솟은 꽃대에서 노란색 꽃이 핀다.

Tip. 습하고 그늘진 곳을 좋아해 습지나 수변 식물로 적당하
다. 추위에 약하므로 지역에 따라 겨울이 오기 전에 월동 준
비를 철저히 해주어야 한다.

무늬팔손이 Zone7(-18℃)

두릅나무과Araliaceae

Fatsia japonica 'Variegata'

⁞ 1.5~2.5m ⋯ 1.5~2.5m

상록활엽관목. 잎은 크며 손바닥모양으로 깊이 갈라지고 가
장자리에 크림색빛 흰색의 무늬가 있다. 꽃은 가을에 작은
흰색으로 모여 피며, 열매는 흑색으로 달린다.

Tip. 생장속도가 느리다. 식물에 독성이 있으며, 피부 접촉
시 자극이나 알레르기를 유발할 수 있다.

무늬모람   Zone8(-12℃)

뽕나무과Moraceae

Ficus pumila 'Variegata'

⁞ 3~5m ⋯ 0.3m

상록만경목. 잎은 녹색으로 가장자리에 흰색 무늬가 있다.

Tip. 직사광선은 잎을 갈변 시킬 수 있어 피나는 것이 좋다.
벽돌, 콘크리트 벽 피복용으로 좋다.

무늬느룹터리풀  Zone3(-40℃)

장미과Rosaceae

Filipendula ulmaria 'Variegata'

⁞ 60~90cm ⋯ 60 cm

다년초. 잎은 가장자리가 거친 톱니모양이며, 가운데 노란색
무늬가 있는 것이 특징이다. 꽃은 늦봄에 꽃대가 올라와 흰
색으로 핀다.

Tip. 반음지에서 무늬 색이 가장 또렷해진다. 번식은 봄에
뿌리나누기로 한다.

개나리 '서울 골드'  Zone4(-34℃)

물푸레나무Oleaceae

Forsythia Koreana 'Seoul Gold'

⁞ 1~1.5m ⋯ 1~1.5m

낙엽활엽관목. 잎은 가장자리에 넓고 불규칙한 황금색 무늬
가 있다. 어린잎은 전체가 황금색으로 나타나기도 한다.

Tip. 이른 봄에 밝은 노란색 꽃이 잎보다 먼저 핀다.

개나리 '아우레오 레티쿨라타'　　Zone4(-34℃)

물푸레나무Oleaceae

Forsythia koreana 'Aureo Reticulata'

⚘ 1~1.5m ⋯ 1~1.5m

낙엽활엽관목. 잎은 녹색이며 그물 형태의 잎맥은 옅은 노란색이다.

Tip. 이른 봄에 밝은 노란색 꽃이 잎보다 먼저 핀다.

개나리 '금사'　　Zone4(-34℃)

물푸레나무과Oleaceae

Forsythia viridissima var. *koreana* 'Kumsa'

⚘ 1~1.5m ⋯ 1~1.5m

낙엽활엽관목. 잎에 불규칙적인 밝은 노란색 무늬가 나타난다.

Tip. 이른 봄에 밝은 노란색 꽃이 잎보다 먼저 핀다.

무늬은행나무 Zone4(-34℃)

은행나무과Ginkgoaceae
Ginkgo biloba Variegata Group
⫶3m ⸱⸱ 2.5m
낙엽활엽교목. 잎에 불규칙적으로 황금색, 흰색의 줄무늬가
있다.
Tip. 기본 종에 비해 낮게 자라며 생장속도가 느리다.

무늬긴병꽃풀  Zone5(-29℃)

광대나물과Lamiaceae
Glechoma hederacea 'Variegata'
⫶10cm ⸱⸱ 50cm
다년초. 잎의 둥근 녹색 잎으로 가장자리에 흰색의 무늬가
들어가 있다. 꽃은 봄에 보라색으로 핀다.
Tip. 잎에 향기가 나는 허브식물이다. 바닥에 붙어 자라서 지
피식물로 이용 가능하다. 가지가 뻗어 뿌리가 잘 내린다.

무늬글리케리아   수생 Zone5(-29℃)

포아풀과Poaceae

Glyceria maxima var. *variegata*

80cm

다년초. 잎은 길며 크림색의 무늬가 특징이다. 어린잎은 분홍색을 띠기도 한다. 꽃은 늦여름에 보라색에서 녹색의 꽃(이삭)이 핀다.

Tip. 수생식물로 적합하여, 연못의 가장자리에 식재하면 좋으며, 성장 속도가 왕성하다.

흰줄무늬풍지초  Zone5(-29℃)

포아풀과Poaceae

Hakonechloa macra 'Albovariegata'

60cm ···· 60~80cm

다년초. 잎에 크림색의 무늬가 있으며 아치 형태로 자란다.

Tip. 군락으로 자라며, 강한 햇빛을 피해 교목의 하부나 화단의 모퉁이에 식재하면 좋다. 성장 속도가 느리다.

콜키카아이비 '설퍼 하트' ☀ ⚘ 💧 Zone7(-18C)

두릅나무과Araliaceae
Hedera colchica 'Sulphur Heart'
↕ 4~8m ⋯ 2.5~4m
상록활엽만경목. 잎은 넓고 초록색이며 중앙에 노랑 또는 녹황색의 무늬가 있다.
Tip. 지피식물로 이용 가능하며 벽면, 울타리 등을 덮을 때 이용하면 좋다. 전정은 새가지가 자라기 전 초봄에 실시한다.

아이비 '오로 디 보글리아스코' ☀ ⚘ 💧 Zone6(-23C)

두릅나무과Araliaceae
Hedera helix 'Oro di Bogliasco'
↕ 4~8m ⋯ 1~1.5m
상록활엽만경목. 잎은 3~5갈래로 갈라지며 중앙에 황금빛 노란색의 넓은 무늬가 있다.
Tip. 벽면이나 울타리 등을 덮을 때 이용한다. 처음에 성장 속도가 느리지만 서서히 속도가 증가한다.

 아이비 '리아'　　　　🌤 💧 Zone6(-23℃)

두릅나무과Araliaceae
Hedera helix 'Ria'
4~8m
상록활엽만경목. 잎은 3~5갈래로 갈라지며 가장자리에 황금빛 노란색의 무늬가 있다.
Tip. 벽면이나 울타리 등을 덮을 때 이용한다.

 무늬왕원추리　　　　☼ 🌤 💧 Zone3(-40℃)

원추리과Hemerocallidaceae
Hemerocallis fulva 'Variegated Kwanso'
75cm
다년초. 아치형태의 긴 잎에 흰색 무늬가 있다. 꽃은 여름에 주황색 겹꽃으로 피며 향기가 없다.
Tip. 번식은 봄에 포기나누기로 한다.

 휴케라 '넵튠'　　　　☼ 🌤 💧 Zone4(-34℃)

범의귀과Saxifragaceae
Heuchera 'Neptune'
30~45cm ↔ 30~40cm
다년초. 회녹색 잎에 적녹색의 잎맥이 선명하게 드러나는 것이 특징이다. 햇빛이 많을수록 붉은색을 많이 띤다. 꽃은 늦봄에 아이보리색을 핀다.
Tip. 봄에 색이 변하거나 마른 잎은 정리해 주면 좋고, 번식은 가을에 포기나누기로 한다. 지역에 따라 상록으로 자란다.

무궁화 '비단'　☀ ☀ △ ◐　Zone5(-29℃)

아욱과Malvaceae
Hibiscus syriacus '비단'
⫶ 1.2~1.8m ⋯ 1.2~1.8m
낙엽활엽관목. 가지에 어긋나는 잎의 가장자리 쪽으로 흰색
또는 크림색의 무늬가 있다. 새로 나는 잎은 옅은 연노란색
을 띤다. 꽃은 짙은 붉은색의 겹꽃으로 활짝 피지 않는다.
Tip. 잎을 먹는 딱정벌레 등 병충해에 주의하여야 한다.

비비추 '체리 베리'　☀ ☀ ◐　Zone4(-34℃)

비짜루과Asparagaceae
Hosta 'Cherry Berry'
⫶ 30cm ⋯ 60cm
다년초. 잎은 일반적인 비비추에 비하여 길쭉한 편이며 끝이 뾰

족하다. 연한 녹색의 잎 가운데에 노란색의 넓은 무늬가 있
어, 멀리서 보면 노란색 비비추처럼 보인다. 양지에서는 무
늬가 옅어진다.
Tip. 여름에 긴 꽃대가 올라와 엷은 보라색의 꽃이 핀다.

비비추 '크리스마스 트리'   Zone4(-34℃)

비짜루과Asparagaceae
Hosta 'Christmas Tree'
⁞ 50cm ·· 90cm
다년초. 잎은 둥근 심장 모양이며, 잎맥을 따라 굴곡이 있다.
잎 가장자리를 따라 흰색의 무늬가 있는데, 그 폭이 좁아 멀
리서 보면 구분하기가 쉽지 않다.
Tip. 여름에 긴 꽃대가 올라와 옅은 보라색의 꽃이 핀다.

비비추 '프랑시'  Zone3(-40℃))

비짜루과Asparagaceae
Hosta 'Francee'
⁞ 55cm ··· 90cm
다년초. 연한 녹색의 넓은 잎을 갖고 있는 비비추이다. 가장
자리를 따라 불규칙적인 흰색 무늬가 있으며, 잎줄기는 최대
75cm까지 자란다.
Tip. 영양분과 수분이 풍부한 토양에서 잘 자라며 잎의 색도
진하다. 포기나누기는 이른 봄이나 가을에 해주는 것이 좋다.

비비추 '골드 스탠더드'   Zone3(-40℃)

비짜루과Asparagaceae
Hosta 'Gold Standard'
⁞ 55cm ··· 90cm
다년초. 보통 밝은 색의 무늬가 있는 다른 무늬 비비추 품종
들과 달리, 연한 녹색의 잎 가장자리에 짙은 녹색의 무늬가
있는 것이 독특하다.
Tip. 비비추 번식은 분주를 통해서 쉽게 할 수 있고 이른 봄
이나 가을에 해주면 좋다.

 비비추 '골든 티애러' ☀ ☀ ◉ Zone3(-40℃)

비짜루과Asparagaceae

Hosta 'Golden Tiara'

30cm ⇠ 50cm

다년초. 잎이 작아 앙증맞은 비비추 품종 중에 하나이다. 녹색의 잎 가장자리에 연녹색의 무늬가 있으며, 그늘짐에 따라 무늬의 색 농도가 달라진다. 잎줄기는 최대 60cm까지 자란다.

Tip. 햇빛을 싫어하는 식물로 그늘진 곳에 식재 하며, 수분이 충분해야 한다.

 비비추 '녹아웃' ☀ ☀ ◉ Zone3(-40℃)

비짜루과Asparagaceae

Hosta 'Knockout'

60cm ⇠ 90cm

다년초. 둥글고 넓은 잎의 비비추이다. 녹색의 잎 가장자리에 마치 연노란색의 물감으로 칠한 듯한 무늬가 아름답다.

Tip. 그늘지고 다소 축축한 환경을 좋아한다. 강한 햇빛을 받으면 색이 옅어진다.

 비비추 '마마 미아' ☀ ☀ ◉ Zone3(-40℃)

비짜루과Asparagaceae

Hosta 'Mama Mia'

55cm ⋯ 90cm

다년초. 녹색의 잎 주변부에 크림색의 무늬가 있어 보기에 좋다. 잎맥을 따라서 굴곡이 저 있어, 색감 뿐만 아니라 질감을 즐길 수도 있다.

Tip. 기르기 쉬운 식물이며, 이른 봄에 시들은 묵은 잎을 제거해 주면 화단을 깔끔하게 유지할 수 있다.

비비추 '미누트맨'

비짜루과Asparagaceae

Hosta 'Minuteman'

⫶ 45cm ⟶ 75cm

다년초. 진녹색의 잎 가장자리에 크림색 무늬가 있는 비비추
이다. 잎맥을 따라서 굴곡이 도드라져 있어 질감도 좋다.

Tip. 물빠짐이 좋은 토양을 좋아하고, 여름철 오후의 강한 햇
빛이 들지 않는 환경에 식재해야 한다.

비비추 '셰이드 팡파르'

비짜루과Asparagaceae

Hosta 'Shade Fanfare'

⫶ 30~45cm ⟶ 45~60cm

다년초. 연녹색의 잎이 상큼한 느낌을 연출하며, 잎 가장자
리의 흰색 무늬가 그 멋을 더하는 품종이다. 음지에서 흰색
무늬가 더 선명하다.

Tip. 이른봄에 묵은 잎을 모두 제거해 주면 생육과 미관상
좋다.

비비추 '스트립티즈'

비짜루과Asparagaceae

Hosta 'Striptease'

⫶ 65cm ⟶ 90cm

다년초. 녹색의 잎 가운데에 연녹색의 무늬가 있어, 멀리서
보면 색깔이 다른 두가지 잎이 한 줄기에서 붙어 있는 것처
럼 보이는 비비추이다.

Tip. 대부분의 비비추는 환경 적응력이 강한 편이다. 도시의
공해 속에도 잘 자라므로 건물이나 담장의 뒷편, 큰나무 밑
그늘 등에 심기 적절하다.

삼색약모밀  Zone4(-34℃)

삼백초과Saururaceae

Houttuynia cordata 'Chameleon'

↕65cm ⋯ 90cm

다년초. 하나의 잎에서 3가지 이상의 색상을 감상 할 수 있는 식물이다. 색농도가 각기 다른 여러가지 녹색이 나타나며, 특히 붉은색 무늬가 핵심이다.

Tip. 잎을 만지면 역겨운 냄새가 나는 식물이다.

수국 '마쿨라타'  Zone6(-23℃)

수국과Hydrangeaceae

Hydrangea macrophylla 'Maculata'

↕2m ⋯ 2.5m

낙엽활엽관목. 여름철에 피는 보랏빛 꽃과, 가장자리에 흰색의 무늬가 들어간 잎이 특징이다. 꽃 색깔은 토양 내 알루미늄이온이 많은 산성토양일수록 꽃이 파란색을 띠고 pH 6.0이상의 알칼리토양으로 갈수록 붉은 계열의 색상을 띠게 된다.

Tip. 삽목 번식이 잘 되며 숙지삽, 녹지삽 모두 가능하다.

구주호랑가시 '아르겐테아 마르기나타'　Zone7(-18℃)

감탕나무과Aquifoliaceae

Ilex aquifolium 'Argentea Marginata'

12m ‥ 4~8m

상록활엽교목. 가시가 발달한 진한 녹색 잎의 가장자리에 크
림색 무늬가 있어 관상가치가 좋은 나무이다. 어린 잎은 분
홍색을 띠기도 한다.

Tip. 기르기 쉬운 나무 중에 하나이나 추위에는 약한 편이
다. 생울타리 소재로도 좋다.

구주호랑가시 '페록스 아르겐테아'　Zone7(-18℃)

감탕나무과Aquifoliaceae

Ilex aquifolium 'Ferox Argentea'

8m ‥ 4m

상록활엽교목. 다른 호랑가시에 비하여 잎이 작으며, 녹색 잎 가장
자리에 가시모양의 톱니와 크림색 무늬가 있어 멀리서 보면 녹
색보다 크림색 나무로 보이기도 한다. 새로 나는 가지 색상이
보라색인 것도 특징이다.

Tip. 암나무에만 탐스런 열매가 달린다.

구주호랑가시 '루브리카울리스 아우레아' Zone7(-18℃)

감탕나무과Aquifoliaceae
Ilex aquifolium 'Rubricaulis Aurea'
5m ↔ 3m
상록활엽관목. 다른 호랑가시 품종에 비하여 잎이 넓고, 평평

하며, 가시가 드문 편이다. 녹색의 잎 가장자리에 얇게 연노란
색 무늬가 있으며, 겨울에는 진한 분홍색으로 변하기도 한다.
Tip. 벌, 나비, 새가 좋아해서 정원을 풍요롭게 만들어 주는
나무 중 하나다.

구주호랑가시 '실버 밀크보이' Zone7(-18℃)

감탕나무과Aquifoliaceae
Ilex aquifolium 'Silver Milkboy'
4m ↔ 3m
상록활엽관목. 진한 녹색의 잎 가운데에 크림색의 무늬가 있
다. 가시는 큰 편으로 잎 가장자리를 따라서 드물게 있다.
Tip. 봄에 가지치기를 해주면 좋다.

호랑가시나무 '오 스프링' Zone7(-18℃)

감탕나무과Aquifoliaceae
Ilex cornuta 'O. Spring'
3~4.5m ⋯ 3~4.5m
상록활엽교목. 가시가 드문 잎은 녹색을 띠는데, 연한 녹색
이 뒤섞여 있는 모양이다. 잎 가장자리에는 노란색의 무늬가
있는데, 황금색처럼 보여 관상가치가 좋다.
Tip. 무늬는 양지에서 색깔이 좋다. 부식질이 풍부한 토양에
서 잘 자란다.

무늬제비붓꽃 Zone4(-34℃)

붓꽃과Iridaceae
Iris laevigata 'Variegata'
100cm ⋯ 50cm
다년초. 길쭉하게 하늘로 솟은 잎이 시원한 느낌을 연출하는
식물로, 녹색과 크림색의 잎 색깔의 조화가 아름답다.
Tip. 물을 좋아하는 식물이기에 연못 주변이나 물가 등에 심
어주면 잘 자란다.

무늬노랑꽃창포   ☼ ◗   Zone5(-29℃)

붓꽃과Iridaceae
Iris pseudacorus 'Variegata'
↕ 1~1.5m ↔ 1m
다년초. 제비붓꽃 보다는 넓은 잎을 가졌으며, 부채살처럼 위
로 향해 펼쳐치는 잎이 보기에 좋다. 회녹색의 잎에 크림색

또는 연한 녹색의 무늬가 도드라져 보이는 품종으로, 햇빛을
역광으로 받았을 때에 그 아름다움이 극에 달한다. 여름에 노
란색의 큰 꽃이 핀다.
Tip. 연못이나 물가 등 수분이 충분한 곳에 식재하며, 여름이
나 초가을에 포기나누기로 번식한다.

무늬남오미자   ☼ ☀ ◗   Zone7(-18℃)

오미자과Schisandraceae
Kadsura japonica 'Variegata'
↕ 4m
상록활엽만경목. 잎은 크림색 빛이 도는 노란색에서 옅은 분
홍색의 넓은 무늬가 나타나며, 겨울에는 크림색 빛이 도는
흰색으로 변한다.
Tip. 암나무에 송이처럼 붉은 열매가 달려 또 하나의 볼거리
를 준다.

쑥부쟁이 '쇼군' ☼ ☀ ◗ Zone5(-29℃)

개미취과Asteraceae
Kalimeris yomena 'Shogun'
‖ 45cm ⋯ 45cm
다년초. 연한 녹색, 크림색. 그리고 그 중간의 색상을 한 잎에
서 어우러져 즐길 수 있는 식물이다. 생장력이 좋아. 시간이
흐르면 지면이 보이지 않을 정도로 빼곡하게 자라는 성향을
가졌다. 한여름에는 무늬가 약해진다.
Tip. 생육도 좋고 번식력도 좋아 누구나 기르기 쉬운 식물 중
에 하나이다.

황매화 '픽타' ☀ ◗ Zone4(-34℃)

장미과Rosaceae
Kerria japonica 'Picta'
‖ 1.5m ⋯ 1.5m
낙엽활엽관목. 회녹색의 잎 가장자리에 흰색 또는 크림색의
무늬가 나타나는 식물이다. 잎 가장자리의 톱니는 불규칙적
인 형태를 띠고 있다.
Tip. 봄에 노란색 꽃이 핀다.

제주광나무 '엑셀숨 수페르붐' ☼ ☀ ◗ Zone8(-12℃)

물푸레나무과Oleaceae
Ligustrum lucidum 'Excelsum Superbum'
‖ 8m ⋯ 6m
상록활엽교목. 잎이 작고 노란색의 무늬가 넓어. 원래의 녹
색이 적게 보이는 것이 특징인데. 그로 인해 멀리서 보면 황
금빛을 자랑하는 그 모습이 보기에 매우 아름답다.
Tip. 양지에서 잎의 무늬가 좋으며 건조에 강하다. 환경에
따라 낙엽성으로 자라기도 한다.

무늬중국쥐똥나무 ☀ ☀ 💧 Zone7(-18℃)

물푸레나무과Oleaceae

Ligustrum sinense 'Variegatum'

1.5~2.4m ⋯ 1.5~3m

상록활엽관목. 둥근 형태의 작은 잎에서 회녹색, 옅은 회녹색, 크림색을 감상 할 수 있는 쥐똥나무이다.

Tip. 환경 적응력이 강하고 생장이 빨라 도시에서도 기르기에 적합하다.

무늬미국풍나무 ☀ 💧 💧 Zone6(-23℃)

조록나무과Hamamelidaceae

Liquidambar styraciflua 'Variegata'

15m ⋯ 8m

낙엽활엽교목. 단풍나무의 잎을 닮은 다섯갈래의 녹색 잎 가장자리에 흰색 또는 크림색의 무늬가 있다. 어린 잎 일수록 무늬가 넓고 진하다.

Tip. 식물체에 정유성분이 있어 향긋한 향이 있다.

백합나무 '아우레오마르기나툼' ☀ 💧 Zone4(-34℃)

목련과Magnoliaceae

Liriodendron tulipifera 'Aureomarginatum'

20 m ⋯ 10m

낙엽활엽교목. 좌우대칭형의 보기 어려운 형태의 잎으로, 짙은 녹색의 잎 가운데와 달리 가장자리는 옅은 녹색 또는 노란색이 섞인 연두색을 띠고 있다.

Tip. 수형은 원추모양이다.

무늬맥문동 Zone5(-29℃)

비짜루과Asparagaceae

Liriope muscari 'Variegata'

⁝30cm ‥45m

상록다년초. 가늘고 길쭉한 잎의 끝이 뭉뚝하여 난의 잎을 연
상시킨다. 녹색의 잎 가장자리는 노란색 또는 크림색의 무늬
가 있어 보기에 좋다. 겨울철에 노란색이 짙어지는 편이다.
Tip. 그늘에서 잘 자라는 대표적인 식물 중 하나이다. 겨울철
찬바람에 노출되지 않도록 하고, 번식은 봄에 포기나누기로
한다.

인동 '아우레오레티쿨라타' Zone5(-29℃)

인동과Caprifoliaceae

Lonicera japonica 'Aureoreticulata'

⁝6m

낙엽활엽만경목. 둥근 녹색의 잎의 잎맥을 따라서 노란색 또는

크림색의 무늬가 형성되어 있다. 어린 잎일수록 무늬가 두꺼
우며 색이 진하다.
Tip. 초여름에 피는 흰색 꽃은 향기가 좋다. 적절한 수형과 아
름다운 잎을 보기 위해 2~3년마다 강전정을 실시하면 좋다.

참억새 '리틀 지브러' ☼ ☼ ◐ Zone5(-29℃)

포아풀과Poaceae

Miscanthus sinensis 'Little Zebra'

⬍ 90~120cm ⋯ 60~90cm

다년초. 다른 무늬 억새 품종보다 키가 작은 왜성 품종으로 잎 중간 중간에 크림색 무늬가 들어가 있다. 풍성한 수형을 보이기에 정원한 질감을 표현할 수 있는 좋은 품종이다.

Tip. 늦겨울이나 초봄에 묵은 줄기를 지상부에서 잘라주면 깔끔하고 건강하게 유지할 수 있다.

참억새 '모닝 라이트' ☼ ☼ ◐ Zone5(-29℃)

포아풀과Poaceae

Miscanthus sinensis 'Morning Light'

⬍ 100~150cm ⋯ 50~100cm

다년초. 잎이 가늘고 길게 뻗는 품종으로 잎에 세로로 긴 흰색 줄무늬가 있는 것이 특징이다. 길게 뻗은 잎은 시원한 느낌을 주며 잎이 무척이나 촘촘하게 나기에 단독으로 심어도 정원에 포인트를 줄 수 있다.

Tip. 기르기 쉬운 식물이나, 겨울철에 물이 많은 토양을 피하고, 이른 봄에는 시든 잎들을 지상부에서 제거해 주면 생육에 좋다.

참억새 '풍크첸'  Zone5(-29℃)

포아풀과Poaceae

Miscanthus sinensis 'Pünktchen'

180~240cm ··· 90~120cm

다년초. 직립하며 잎 중간 중간에 흰색 무늬가 있다. 참억새

'지브러'와 잎의 무늬는 비슷하지만 가을에 달리는 꽃의 색깔이 참억새 '지브러'와 달리 짙은 검붉은색을 띠며 보다 더 곧게 자라는 것이 특징이다.

Tip. 특별한 관리법 없이 잘 자라는 식물이나, 3~4년마다 포기 나누기를 해주면 좋다.

참억새 '스트릭투스' Zone4(-34℃)

포아풀과Poaceae

Miscanthus sinensis 'Strictus'

⟂ 120~270cm ↔ 60~180cm

다년초. 다른 억새 품종에 비해 잎과 꽃대가 곧게 직립하는 것이 특징인 품종이다. 긴 잎 중간 중간에 노란색 무늬가 있

다. 곧게 자라는 잎과 꽃대는 겨울철에도 그 형태를 유지하기에 겨울에도 관상가치가 있다.

Tip. 한 곳에서 오래 자라면 생장이 나빠지고 포기 가운데에서 싹이 나오지 않을 수 있으므로, 3~4년 한번씩 포기나누기를 해주면 좋다.

콘덴사투스억새 '코즈모폴리턴'   Zone5(-29℃)

포아풀과Poaceae

Miscanthus sinensis var. condensatus 'Cosmopolitan'

⟂ 180~250cm ↔ 90~150cm

다년초. 무늬참억새와 잎의 무늬가 비슷하지만 잎의 폭과 수고가 훨씬 넓고 큰 품종이다. 잎이 어느정도 자라면 무게로 인해 곡선으로 늘어진다.

Tip. 이른봄에 전년에 자란 줄기를 지상부에서 잘라주면 생육에 좋다.

무늬참억새 Zone5(-29℃)

포아풀과Poaceae

Miscanthus sinensis 'Variegatus'

150~250cm ··· 100~150cm

다년초. 억새 원종과 형태는 비슷하지만 잎의 흰색 무늬가 들어가 있는 것이 특징인 품종이다. 꽃대의 높이가 최대 250cm까지 자라는 대형종이기에 정원에 식재시 적절한 자리가 필요하다.

Tip. 이른봄에 지상부에서 줄기를 잘라주고, 3~4년마다 포기나누기를 해주면 생육에 좋다.

뽕나무 '스노우플레이크 로브드' Zone4(-34℃)

뽕나무과Moraceae

Morus alba 'Snowflake Lobed'

5m ··· 5m

낙엽활엽교목. 잎 가장자리에 흰색의 줄무늬가 불규칙하게 들어가는 품종으로 잎의 형태는 뽕나무 새순과 같이 삼지창 모양으로 자란다.

Tip. 건조하고 추운 바람을 피해 식재한다.

구골나무 '고시키'  Zone7(-18℃)

물푸레나무과Oleaceae

Osmanthus heterophyllus 'Goshiki'

↕ 1.5m ↔ 1.5m

상록활엽관목. 마주나는 잎에 옅은 노란색 무늬가 물감을 뿌려놓은 듯이 나타나고 잎 가장자리에 뾰족한 돌기가 나있다. 새순이 자랄 때 잎 앞면과 뒷면이 옅은 분홍색을 띤다.

Tip. 향기가 좋은 꽃이 늦여름에서 가을까지 핀다. 생장속도가 느리다.

무늬구골나무 Zone7(-18℃)

물푸레나무과Oleaceae

Osmanthus heterophyllus 'Variegatus'

↕ 5m ↔ 5m

상록활엽관목. 구골나무 '고시키'와 잎의 모양은 비슷하지만 잎 가장자리에 흰색 줄무늬가 있는 것이 다른 점이다. 수형은 원추모양으로 아름답게 자라며 꽃이 지면 검정색 열매가 달린다.

Tip. 다소 느리게 자라며, 꽃 향기가 매우 좋아 밀원식물로 유용하다.

무늬수호초   Zone3(-40℃)

회양목과Buxaceae

Pachysandra terminalis 'Variegata'

↕ 10~50cm ↔ 10~50cm

다년초. 어긋나게 자라는 잎 가장자리에 옅은 노란색 무늬가 있으며 겨울에도 푸른 잎을 가지고 있는 품종이다. 지피식물로 많이 사용을 하고 있으며 꽃에서는 은은하게 향기가 난다.

Tip. 특별히 관리하지 않아도 잘 자라는 식물이다.

 Zone5(-29℃)

비르기니아나여뀌 '페인터스 팔레트'

마디풀과Polygonaceae
Persicaria virginiana 'Painter's Palette'
｜40~120cm ··· 60~140cm
다년초. 녹색의 달걀형 잎 전체에 노란색 무늬가 물감을 뿌려
놓은 듯이 있고 노란 무늬 가운데에 붉은색 무늬가 들어가
있다. 가을에 피는 작은 붉은색 꽃은 정원에 포인트를 줄 수
있다.
Tip. 생장력이 좋은 식물로 기르기 쉽다. 수분을 좋아하며, 겨
울의 찬바람은 피하는 것이 좋다.

흰줄갈풀  Zone4(-34℃)

포아풀과Poaceae
Phalaris arundinacea var. *picta*
｜150cm ⟷ 50cm
다년초. 잎에 흰색의 세로 줄무늬가 여러 개 들어가 있는 변
종으로 식재가 된 곳에 자리를 잡으면 빽빽하게 자란다.
Tip. 이른 봄에 지상부에서 전년도 줄기를 깨끗이 잘라주면
좋다. 무늬는 선선한 기후에서 진하므로 너무 더운 곳은 피
해 심어야 한다.

무늬갈대   Zone5(-29℃)

포아풀과Poaceae
Phragmites australis subsp. *australis* 'Variegatus'
｜300cm ··· 50cm
다년초. 연못이나 개울가에 심으면 잘 어울리는 식물이며, 잎
에 무늬가 있어 정원에 포인가가 될 수 있다.
Tip. 건조 피해만 주의하면 기르기 쉽다.

흰무늬사사   ☼ ☀ ◐ Zone5(-29℃)

포아풀과Poaceae

Pleioblastus variegatus

⋮ 50~100cm ⋯ 100cm~150cm

다년초. 대나무와 비슷한 잎에 흰색 세로 줄무늬가 여러 개
들어가 있는 왜성종으로 반그늘에서도 잘 자란다.

Tip. 건조한 바람만 주의해 주면 된다. 지피식물로 심을 수
있으며, 단독으로 심어도 무늬가 있어 보기에 좋다.

노랑무늬사사   ☼ ☀ ◐ Zone5(-29℃)

포아풀과Poaceae

Pleioblastus viridistriatus

⋮ 150~250cm ⋯ 150~250cm

다년초. 흰무늬사사와 비슷한 형태를 가지고 있지만 크기가
더 크며 잎 전체에 황금색 무늬가 화려하게 들어가 있는 품
종이다.

Tip. 햇빛이 부족하면 노란색 무늬가 옅어지는 성향이 있으
므로, 되도록이면 양지에 식재한다.

단풍버즘나무 '수트네리'   ☼ ☀ ◐ Zone3(-40℃)

버즘나무과Platanaceae

Platanus x hispanica 'Suttneri'

⋮ 9~12m ⋯ 12m

낙엽활엽교목. 잎에 크림색 얼룩무늬가 물감을 뿌려 놓은 듯
이 있으며 가을에 노란색에서 주황색으로 단풍이 든다.

Tip. 흰색 수피가 아름답고 각질 같은 껍질을 제거하면 더욱
돋보인다.

무늬둥굴레  Zone4(-34℃)

비짜루과Asparagaceae

Polygonatum odoratum var. *pluriflorum* 'Variegatum'

⬦80cm ⋯ 30cm

다년초. 일반 둥글레 잎과 달리 잎 가장자리에 흰색 무늬가
얇게 들어가는 품종으로 꽃은 늦봄에 피고 약간의 향기가 난
다. 키가 작기에 화단 앞 부분에 식재 해주면 좋다.

Tip. 그늘지고 수분이 충분한 환경을 좋아한다. 강한 햇빛을
싫어하며, 무늬는 선선한 환경에서 진하게 나온다.

만병초 '프레지던트 루즈벨트' Zone7(-18℃)

진달래과Ericaceae

Rhododendron 'President Roosevelt'

⬦1.5~2.5m ⋯ 1.5~2.5m

상록활엽관목. 잎 가운데에 노란색 무늬가 불규칙적으로 들
어가는 품종으로 여름에 피는 꽃 가장자리는 짙은 붉은색을
띠고 꽃 안쪽 부분은 흰색을 띤다.

Tip. 성장 속도가 느리다.

무늬서양산딸기 Zone5(-29℃)

장미과Rosaceae

Rubus fruticosus 'Variegatus'

⁞ 2m ‥ 2m

낙엽활엽관목. 잎의 가장자리에 크림색의 흰색 무늬가 있다.
새잎은 옅은 분홍색을 나타낸다.

Tip. 기본종보다 생장속도가 느리며 주기적으로 가지치기를
해주어야 무늬만 있는 잎을 유지할 수 있다.

무늬개키버들  Zone4(-34℃)

버드나무과Salicaceae

Salix integra 'Hakuro-nishiki'

⁞ 4.5m ‥ 4.5m

낙엽활엽관목. 봄에 돋아나는 새잎에서부터 분홍색과 흰색을 볼 수 있는 품종으로 그 형태와 무늬가 무척이나 아름다워 많은 정원에 식재 되고 있다. 토피어리로도 많이 사용되는 품종이다.

Tip. 여름철 시원한 지역일수록 잎 색이 좋고 오래간다. 장마철 병충해를 주의한다.

큰고랭이 '제브리누스' 수생 Zone4(-34℃)

사초과Cyperaceae
Schoenoplectus lacustris subsp. *tabernaemontani* 'Zebrinus'
⌇1.5m ⋯ 1.2m
다년초. 빨대처럼 생긴 잎에 흰색 무늬가 있어 독특한 멋을
자랑한다. 연못 가장자리에 단독으로 심어도 포인트를 줄 수
있다.
Tip. 햇빛이 잘 들고 축축한 환경이나 수심이 30cm 이내의
환경에서 잘 자란다.

꿩의비름 '프로스티 모온' Zone3(-40℃)

돌나물과Crassulaceae
Sedum erythrostictum 'Frosty Morn'
⌇50cm ⋯ 50cm
다년초. 꿩의비름 원종과의 가장 큰 차이점은 잎 가장자리에
흰색 무늬가 얇게 들어 가는 점이다. 여름에 피는 옅은 분홍
색 꽃은 곤충을 많이 불러 모은다.
Tip. 수분이 많은 토양에 심을 경우 병충해가 올 수 있다. 내
한성이 강한 품종으로 전국 어디서나 월동이 가능하다. 번식
은 봄에 가지 끝을 잘라 삽목한다.

삼백초  Zone5(-29℃)

삼백초과Saururaceae
Saururus chinensis
⌇90cm ⋯ 30cm
다년초. 잎자루 끝에서부터 흰색 무늬가 잎 중간까지 있으며
흰색 꽃은 여름에 핀다. 잎, 꽃, 뿌리 이 세 부분이 희다하여
삼백초라 불린다.
Tip. 물가에서도 잘 자라는 식물로 연못이나 습지에 심으면
좋다.

무늬기린초 ☼ ☀ ◊ Zone4(-34℃)

돌나물과Crassulaceae

Sedum kamtschaticum var. *kamtschaticum* 'Variegatum'

↕ 10cm ↔ 50cm

다년초. 잎은 어긋나게 자라며 가장자리에 거치가 있고 옅은

노란색 무늬가 들어간다. 바닥에 낮게 깔리면서 자라는 지피
식물이다.

Tip. 배수가 잘 되는 토양에 심어야 잘 자란다. 내한성이 강
한 품종으로 전국 어디서도 월동이 가능하다. 번식은 봄에
가지 끝을 잘라 삽목으로 한다.

☼ ☀ ◊

일본조팝나무 '앤서니 워터러' Zone4(-34℃)

장미과Rosaceae

Spiraea japonica 'Anthony Waterer'

↕ 1.5m ↔ 1.5m

낙엽활엽관목. 일본조팝나무 원종과 달리 잎 가장자리에 노
란색 무늬가 불규칙하게 들어가는 품종으로 어린잎 가장자
리에는 옅은 붉은빛을 띤다.

Tip. 반그늘에서도 잘 자라는 품종이기에 건물 주변이나 큰
나무 그늘 아래에 식재를 해도 좋다.

반호테조팝 '핑크 아이스'   Zone4(-34℃)

장미과Rosaceae

Spiraea × vanhouttei 'Pink Ice'

⁝1m ⋯ 1m

낙엽활엽관목. 녹색 잎에 스프레이 형식으로 흰색과 분홍색 무늬가 흩어지게 퍼져 있는게 특징인 품종으로 초여름 가지 끝에서 꽃이 핀다.

Tip. 꽃의 개화가 끝난 뒤 전정을 통하여 수형을 잡아준다.

심포리카포스 '폴리스 바리에가티스' Zone5(-29℃)

인동과Caprifoliaceae

Symphoricarpos orbiculatus 'Foliis Variegatis'

⁝1m ⋯ 1.5m

심포리카포스 원종과 달리 잎 가장자리에 황금색 무늬가 화려하게 들어가 있는 품종이다. 잎이 무척 화려하기에 화단에 포인트를 줄 수 있는 품종이다.

Tip. 매년 겨울에 가지치기를 해 주면 콤팩트한 수형을 유지할 수 있다. 수형이 작기 때문에 화단 앞 부분에 심어주면 좋다.

야스미노이데스털마삭줄 '트라이컬러'  Zone9(-7℃)

협죽도과Apocynaceae

Trachelospermum jasminoides 'Tricolor'

⁝3m

상록활엽만경목. 잎 끝에서 녹색, 흰색, 분홍색의 세가지 색깔 잎을 볼 수 있다. 녹색 잎은 묵은 가지에서 나며 가지 끝으로 갈수록 분홍색과 흰색 무늬가 나타난다.

Tip. 추위에 약해 실내식물로 적합하며, 수분을 충분히 주어야 한다. 흔히 시장에서 '초설 마삭줄' 이라는 이름으로 유통되고 있다.

무늬큰잎빈카 ☀ ☀ ☀ 💧 Zone7(-18℃)

협죽도과Apocynaceae
Vinca major 'Variegata'
↕ 50cm ↔ 250cm
다년초. 바닥에 낮게 깔리면서 자라는 특성을 가진 식물로
잎 가장자리에 황금색 무늬가 들어가 있으며 봄부터 여름까
지 보라색 꽃이 핀다. 음지에서도 잘 자라는 품종으로 큰 나
무 아래 주변에서도 잘 자란다.
Tip. 식물 전체에 독성이 있어 어린아이나 애완동물을 키우
는 집에선 조심해야 한다.

빈카 '일루미네이션' ☀ ☀ ☀ 💧 Zone5(-29℃)

협죽도과Apocynaceae
Vinca minor 'Illumination'
↕ 50cm ↔ 150cm
다년초. 바닥에 낮게 깔리면서 자라는 특성을 가진 식물로
진한 황금색 잎이 무척이나 매력적인 식물로 잎 가장리에 얇
은 녹색 무늬가 들어가 있으며 봄부터 여름가지 보라색 꽃이
핀다.
Tip. 식물 전체에 독성이 있어 어린아이나 애완동물을 키우
는 집에선 조심해야 한다. 무늬큰잎빈카와 달리 내한성이 강
하기에 전국 어디서든 월동이 가능하다.

☀ ☀ ☀ 💧
병꽃나무 '플로리다 바리에가타' Zone4(-34℃)

인동과Caprifoliaceae
Weigela 'Florida Variegata'
↕ 2.5m ↔ 2.5m
낙엽활엽관목. 일반 병꽃나무와 달리 잎 가장자리에 연녹색
의 무늬가 불규칙하게 들어가는 품종이다. 초여름부터 밝은
분홍색 꽃이 핀다.
Tip. 반음지 지역에서 잘 자라며 배수가 잘 되고 습한 곳에서
도 잘 자란다.

플라키다실유카 '골드 소드' ☼ Zone6(-23℃)

비짜루과Asparagaceae

Yucca flaccida 'Golden Sword'

⇡ 1.5m ⋯ 0.5~1m

상록활엽관목. 잎은 검 모양으로 중앙에 노란색 무늬가 있다.

뾰족하게 자라는 잎은 칼 모양으로 잎 가장자리에서 실과 같은 섬유질이 생긴다. 여름에 피는 꽃대는 3m까지 자라며 꽃대 끝에 흰색의 종 모양의 꽃이 많이 핀다.

Tip. 잎 끝이 날카롭기 때문에 다치지 않게 조심해야 한다.

무늬느티나무 ☼ ☼ ◖ ● Zone5(-29℃)

느릅나무과Ulmaceae

Zelkova serrata 'Variegata'

⇡ 12m ⋯ 12m

낙엽활엽교목. 일반 느티나무 잎과 달리 잎 가장자리에 흰색의 불규칙한 무늬가 들어가는 품종이다. 잎의 형태가 약간 구겨진 모양으로 나는 것 또한 특징이다.

Tip. 생장속도가 느리다.

02
Golden
foliage 황금색으로 빛나는 잎

Golden foliage

황금색으로 빛나는 잎

정원에서 만나는 노란색 계열의 잎을 지닌 식물은 화려함보다는
공간에 따뜻한 온기와 밝은 빛을 더한다.

황금색은 태양을 상징하며 집중력과 학습에 도움을 주고 지적인 자극과 영감을
준다. 정원에 황금빛 식물이 가득하다면 백만장자 부럽지 않은 풍요로운 마음이 들 것
이다.

정원에서 황금색 잎을 가진 나무들은 늘 강하게 시선을 끈다. 황금색 잎을 가진 식물들
은 대부분 봄에 가장 아름답지만 여름에 최상의 색을 보여주는 종도 있다. 밝은 느낌의
차폐나 경계를 원한다면 황금색 잎을 지닌 수종이 필수적이다. 황금색 잎을 지닌 수종
은 정원이나 산책로의 끝 부분에 포인트 식재로 알맞다. 단독으로 대형목을 식재했을
경우, 분위기를 압도할 가능성이 크므로 위치를 신중하게 고려해야한다.

황금색 계열 상록수가 필요한 공간에는 침엽수를 선택하는 것이 좋다. 대부분 곁가지와
잎이 밀생해서 수피가 보이지 않으며 지면에 가지와 잎이 닿은 원추형의 모양으로 자란
다. 번식력과 생장력이 좋은 것이 상록 침엽수의 장점이다. 황금 상록수는 한 여름에는
광합성의 작용으로 연둣 빛을 띠기도 한다. 밝은 황금색은 레몬색으로 보이기도 하며
시원하고 청량한 느낌을 준다. 한 겨울의 황금 상록수는 정원에 부족한 온기를 더해 주
기도 한다.

황금색 잎을 가진 종은 '아우레아Aurea', '골든Golden', '옐로우Yellow' 등의 표현이 이름에
사용된다. 노란색 계열의 잎을 지닌 식물은 공간에 화려함보다는 따뜻한 온기와 밝은
빛을 더한다.

체코의 체스크 크룸로프 공원의 황금색 잎을 가진 대령목

히어리의 다양한 단풍색.

한 나무에서도 잎은 다양한 색을 보여준다.

식물의 단풍 색을 콕 집어 한 가지 색이라고 받아들이면

시간의 흐름이 만들어내는 과정의 아름다움을 놓치기 쉽다.

녹음이 짙은 곳에서 황금빛을 띠는 느릅나무를 만나면
골목길의 밝은 가로등처럼 반갑다.

'초록은 동색'이라지만 정원에서 같은 녹색은 없다.

사람의 성격이 다양한 것처럼

녹색은 잎의 질감과 모양에 따라 느낌이 다르다.

수면을 가득 채운 수련 잎의 질감과 색깔이 주변에 식재된 교목의

잎과 대비되어 안정적인 분위기를 연출한다.

그중에서도 두터운 황금빛 잎을 지닌 사철나무는

한껏 멋을 낸 모범생 같다.

산속에서 만난 황금색 잎을 가진 떡갈나무.
접목 등의 번식 방법으로 증식에 성공한다면
새로운 품종으로 등록할 수 있다.
"심봤다!"하고 외쳐도 될 가치 있는 만남이다.

미국의 찬티클리어가든Chanticleer Garden
메타세쿼이아가 뿜는 황금빛이
연둣빛 의자에도 닿았다.

황금빛 잎은 그늘지거나 꽃이 부족한 공간과 동선에
균형감을 더해준다.

황금빛 잎은 먼저 주목을 끌 뿐만 아니라
주변에 접한 식물에게도 빛을 나눠 준다.

뉴욕식물원의 어린이를 위한 실습 텃밭 정원의 울타리 주변을
가는잎조팝나무 '오곤'이 환하게 밝혀준다.

뉴욕식물원의 암석원 계류에는 하얀 물줄기와
노랑무늬풍지초의 황금 물결이 함께 흐르고 있다.

교목성인 은행나무 잎을 관목처럼 관리하면

철마다 변화하는 잎의 색 덕분에 훌륭한 수벽이 된다.

독일의 마리엔베르크 성의 벽을 타고 오르는 짙은 녹색 아이비와
늘푸른 잔디 덕분에 더욱 아름다운 가을의 황금 카펫.

꽃댕강나무 '프랜시스 메이슨' Zone6(-23℃)

인동과Caprifoliaceae
Abella x *grandiflora* 'Francis Mason'
⟮ 1.2m ⋯ 1.8m
낙엽활엽관목. 잎에 연한 초록색과 노란색이 함께 나타나며
일부 어린잎의 경우에는 연한 주황색을 나타낸다. 연한 분홍
색의 꽃은 여름에 피어 가을까지 있다.
Tip. 꽃의 개화기간도 길고 향기로워 벌과 나비가 많이 모이
는 밀원식물로 식재하면 좋다. 일부 중부이남 지역에서는 상
록으로 자라기도 한다.

중국단풍 '하나치루 사토' ☼ ☼ ◌ ◗ Zone5(-29℃)

무환자나무과Sapindaceae
Acer buergerianum 'Hanachiru Sato'
⟮ 6~9m ⋯ 5~6m
낙엽활엽교목. 이른 봄 새잎이 나올 때부터 연한 노란색을 띠

고 있으며 진한 녹색의 잎맥이 두드러진다. 마치 연한 노란색
의 손수건을 걸어 놓은 듯한 모습이다.
Tip. 이른 봄 잎의 색이 연한 노란색에서 여름철 녹색, 가을에
는 붉은색으로 단풍이 드는 것이 특징이다. 배수가 잘되고 반
음지에서 잘 자라는 편이다.

네군도단풍 '켈리스 골드'    Zone3(-40℃)

무환자나무과Sapindaceae

Acer negundo 'Kelly's Gold'

5~6m ⋯ 3~4m

낙엽활엽교목. 봄철에 잎 전체가 황금색이어서 아름답다. 수고가 높은 편은 아니며 성장 속도는 빠른 편이다. 꽃은 이른 봄에 피고 다양한 토양에서도 잘 자라는 편이다.

Tip. 주변에 푸른색의 침엽수를 식재하면 더욱 좋은 경관을 유지할 수 있다.

단풍나무 '카추라'   Zone5(-29℃)

무환자나무과Sapindaceae

Acer palmatum 'Katsura'

2.5~4m ⋯ 2.5~4m

낙엽활엽관목. 일반 단풍나무에 비해 키가 크지 않다. 잎은 사람 손바닥같이 생겼으며 봄에는 연한 녹색이었다가 가을에 오렌지색과 노란색의 단풍이 든다. 봄에 붉은색의 작은 꽃이 피는데 화려하지는 않지만 앙증맞은 느낌이다.

Tip. 반음지 지역에서 잎의 색이 가장 잘 나타난다.

단풍나무 '무라사키 키요히메' Zone6(-23℃)

무환자나무과Sapindaceae

Acer palmatum 'Murasaki-kiyohime'

2.4m ⋯ 4.7m

낙엽활엽관목. 연한 녹색 바탕 잎 가장자리에 빨간색 테두리가 들어가 있는 것이 인상적이다. 어린잎일수록 빨간색이 두드러지게 나타난다. 일반 단풍나무에 비해 수고가 낮고 옆으로 퍼지는 성질이 있다. 성장속도는 느린 편이다.

Tip. 주변에 오죽을 같이 심으면 더욱 아름다운 색감을 표현할 수 있다. 분재용으로도 많이 사용되고 중성 토양에서 잘 자란다.

단풍나무 '아카시기타추사와' Zone5(-29℃)

무환자나무과Sapindaceae
Acer palmatum 'Aka-shigitatsu-sawa'
↕ 2.4m ⋯ 3m
낙엽활엽관목. 잎은 여름에 연한 노란색 바탕에 녹색의 잎맥
이 나타나다가 가을에 노란색과 주황색으로 물든다. 둥근 형
태로 자라며 성장이 더딘 편이다.
Tip. 중성 토양에서 잘 자라며 일부 중부 산간 지역에서는 겨울
철 추위에 대비해 뿌리 주변에 충분한 멀칭을 하는 것이 좋다.

황금일본매자 Zone4(-34℃)

매자나무과Berberidaceae
Berberis thunbergii 'Aurea'
↕ 1.5m ⋯ 1.5m
낙엽활엽관목. 잎은 작은 주걱 모양으로 여러 개 달리며 특
히 잎 전체가 황금색이어서 아름답다. 햇빛에 반사된 잎의
모습을 보면 눈이 부실 정도로 화려하다. 수형은 작고 둥근
모양으로 성장이 다소 느린 편이다. 봄에 노란색 꽃이 피고
가을에 붉은색 열매가 달린다.
Tip. 그늘이 많은 곳에 식재할 경우 황금색이 녹색으로 변한
다. 길 가장자리에 울타리용으로 심어도 보기 좋다.

황금큰물사초   Zone5(-29℃)

사초과Cyperaceae
Carex elata 'Aurea'
↕ 70cm ⋯ 50cm
다년초. 황금색 잎에 연한 초록색 테두리가 불규칙하게 들어
가 있다. 황금색이 강하게 나타나서 멀리서 보면 초록색 테
두리가 잘 보이지 않을 정도이다. 늦은 봄에서 여름 사이에
갈색 꽃이 핀다.
Tip. 잎의 색이 강해 화단에 포인트를 주기 위해서 심기 좋
다. 이른 봄 지저분한 잎은 제거하면 깔끔한 상태로 유지할
수 있다. 일부 지역에서는 상록성으로도 자란다.

편백 '나나 루테아' Zone4(-34℃)

측백나무과Cupressaceae

Chamaecyparis obtusa 'Nana Lutea'

⌐ 1.2m ⟷ 0.8m

상록침엽관목. 잎은 황금빛 노란색으로 전체적인 모양이 마치 복슬 강아지를 연상하게 한다. 잎의 안쪽은 갈색을 띠고 있다.

Tip. 성장속도가 느리다. 빛이 부족하면 잎이 연녹색으로 변한다.

황금실화백 Zone4(-34℃)

측백나무과Cupressaceae

Chamaecyparis pisifera 'Filifera Aurea'

⌐ 8m ⟷ 4m

상록침엽관목. 잎의 모양은 긴 실처럼 생겼으며 색은 황금색 이다. 잎이 늘어지듯이 실처럼 자라서 실화백이라고 불린다.

Tip. 사계절 잎의 색은 노란색이지만 그늘진 곳에 식재할 경우 색이 퇴화 될 수도 있다. 전정에 강하지만 한 번에 강전정을 하면 잎이 자라지 않을 수 있으니 주의해야한다.

개나리 '수원 골드' ☼ 💧 Zone4(-34℃)

물푸레나무과Oleaceae

Forsythia koreana 'Suwon Gold'

 3m ↔ 3m

낙엽활엽관목. 국내 대학에서 만들어낸 신품종으로 기존 개

나리의 성질은 그대로 가지고 있으나 잎의 전체가 황금색을 나타내고 있다. 햇빛에 많이 노출된 잎은 색이 더 강하게 나타난다.

Tip. 봄에 노란색 꽃이 잎보다 먼저 핀다. 일반 개나리와 함께 식재하면 더욱 더 두드러져 보인다.

황금구주물푸레 ☼ 💧 Zone5(-29℃)

물푸레나무과Oleaceae

Fraxinus excelsior 'Aurea'

 8~15m 8~10m

낙엽활엽교목. 봄철 옅은 노란색을 띠던 잎은 여름에 옅은 녹색으로 변하며 가을에 황금색으로 단풍이 든다.

Tip. 아름다운 잎과 둥근 수형으로 인해 독립수로 이용하기 좋다.

피체리아나향나무 '피체리아나 아우레아' Zone3(-40℃)

측백나무과Cupressaceae

Juniperus × pfitzeriana 'Pfitzeriana Aurea'

0.5~1m ↔ 1.5~2.5m

상록침엽관목. 잎은 전체적으로 연한 초록색이지만 가지 끝부
분 잎들이 황금색이다. 그러다 보니 마치 전체가 황금색인 것
처럼 보인다. 아치형으로 퍼져서 자라는 성향을 가진 나무이다.
Tip. 열악한 환경에도 적응을 잘 하는 나무이다. 양지 바른
곳에 심어야 황금빛이 진해진다.

황금향나무 Zone3(-40℃)

측백나무과Cupressaceae

Juniperus chinensis 'Aurea'

8~12m ↔ 2.5~4m

상록침엽교목. 피침형 잎 전체가 황금빛의 노란색이다. 햇빛
을 잘 받는 쪽은 색이 강하게 나타나지만 나무 하부나 안쪽
은 연한 초록색으로 나타난다. 수형은 좁은 원뿔모양이다.
Tip. 생장속도가 매우 느리다. 아주 강하고 건조한 햇빛을 받
으면 잎이 탈 수도 있다.

두송 '데프레사 아우레아' Zone3(-40℃)

측백나무과Cupressaceae

Juniperus communis 'Depressa Aurea'

0.6m ↔ 1.5m

상록침엽관목. 이른 봄부터 여름까지는 황금색 잎을 볼 수
있다. 가을부터 겨울까지는 잎이 갈색으로 변한다. 포복으로
자라며 옆으로 많이 퍼진다.
Tip. 주로 화단에 지피식물 형태로 심는다. 화분 용기에 심어
도 좋은 효과를 본다.

뚝향나무 '머더 로드' Zone3(-40℃)

측백나무과Cupressaceae
Juniperus horizontalis 'Mother Lode'
0.3m ↔ 3m
상록침엽관목. 잎 끝은 노란색이며 안쪽은 연한 노란색이다. 특히 겨울에는 노란빛의 황금색으로 변하는 것이 특징이다. 포복형으로 자란다.
Tip. 지피식물 형태로 이용되며, 경사지 침식을 방지하기 위한 용도로 사용되기도 한다. 생장속도가 느리다.

운둘라툼쥐똥나무 '레몬 라임 앤 클리퍼스' Zone6(-23℃)

물푸레나무과Oleaceae
Ligustrum undulatum 'Lemon Lime and Clippers'
2m ↔ 2m
상록활엽관목. 잎 전체가 레몬색과 비슷한 노란색으로 피어나나 하부에 있는 잎은 일부 초록색으로 나타난다. 환경에 따라 낙엽성으로 자라기도 한다.
Tip. 전지를 통해 토피아리로 이용할 수 있다. 특정 식물을 강조하기 위해 배경으로 식재하면 좋다. 생장이 느린 단점이 있다.

동청괴불나무 '바게센즈 골드' Zone6(-23℃)

인동과Caprifoliaceae
Lonicera nitida 'Baggesen's Gold'
1.5m ↔ 1.5m
상록활엽관목. 연한 황금색과 녹색이 잘 어우러져 있는 잎이 특징이다. 잎의 모양은 마치 연한 녹색 줄기에 작은 황금 동전이 양쪽에 다닥다닥 붙어 있는 듯하다.
Tip. 치밀한 수형을 만들기 위해 여름철 가지 끝을 전정하면 좋다. 생울타리용으로 식재해도 좋다.

황금누물라리아리시마키아   Zone4(-34℃)

앵초과Primulaceae

Lysimachia nummularia 'Aurea'

⏐ 15cm ⋯ 30cm

상록다년초. 기는 줄기를 따라 황금색 잎이 옹기종기 달리는 식물이다. 마치 작은 황금색 동전이 바닥에 붙어 있는 모양이다.

Tip. 키가 매우 작고 낮게 깔려 자라는 식물이므로 식재 위치 선정에 유의해야 한다.

양국수나무 '루테우스'  Zone5(-29℃)

장미과Rosaceae

Physocarpus opulifolius 'Luteus'

⏐ 4m ⋯ 4m

낙엽활엽관목. 봄부터 돋아나는 잎에 황금색이 불규칙적으로 나타나며 일부 잎에는 연한 녹색만 나타난다. 다른 식물의 황금색과는 약간 다르게 광택이 나는 것이 특징이다.

Tip. 병충해에 강한 품종이며 어디에 심어도 잘 자란다.

메타세쿼이아 '골드 러시' Zone5(-29℃)

낙우송과Taxodiaceae

Metasequoia glyptostroboides '**Gold Rush**' = 'Golden Oji'

⏐ 20~30m ⋯ 5~8m

낙엽침엽교목. 일반 메타세쿼이아와 비슷하지만 잎이 밝은 노란색인 것이 특징이다. 햇빛에 잘 노출되어 있는 잎에는 색이 강하게 나타난다. 폭이 좁은 원추형으로 자란다.

Tip. 그늘진 곳에 있으면 색감이 떨어진다.

곰솔 '오곤'   Zone5(-29℃)

소나무과Pinaceae
Pinus thunbergii 'Ogon'
⫶9m ⋯6m

상록침엽교목. 일반 곰솔과 비슷하지만 잎이 황금색이며 잎
으로 손을 찌르면 아플 정도로 억세다.
Tip. 양지에 심어야 색이 아름답다. 느리게 자란다.

황금측백   Zone5(-29℃)

측백나무과Cupressaceae
Platycladus orientalis 'Aurea Nana'
⁞ 0.5~1m ⋯ 0.5m~1m
상록침엽관목. 일반 측백나무보다 작게 자라며 잎이 황금색
으로 피어나는 품종이다. 햇빛을 잘 받은 잎은 황금색이 잘
나오지만 그렇지 않은 부분에서는 녹색이 나타나기 때문에
하나의 나무에 두 가지 색이 나올 수도 있다.
Tip. 전부 성장해도 1m를 넘지 않기에 정원 안쪽 보다는 바
깥쪽에 식재하는 것이 좋으며 성장 또한 많이 느린 편이다.

측백나무 '엘레간티시마' Zone5(-29℃)

측백나무과Cupressaceae
Platycladus orientalis 'Elegantissima'
⁞ 4m ⋯ 2.5m

상록침엽관목. 직립으로 자라는 특징을 가진 품종이며 황금
색 잎 또한 매력적이다. 겨울에는 잎의 색이 연한 녹색이나
갈색으로 변하기도 한다.
Tip. 특별한 전정을 하지 않아도 원뿔의 수형을 유지한다.

코크부르니아누스산딸기 '골든베일' Zone5(-29℃)

장미과Rosaceae
Rubus cockburnianus 'Goldenvale'
2.5m ↔ 2.5m
낙엽활엽관목. 잎 전체가 밝은 황금색이며 햇빛을 많이 받을
수록 색이 강하게 나타난다. 어린잎이 나올 때는 약간 붉은
색을 지니고 있다가 점점 황금색으로 변한다.
Tip. 일년생 줄기는 흰색으로 겨울에 관상가치가 높다. 매년
강전정으로 수형을 유지한다.

황금캐나다딱총   Zone5(-29℃)

연복초과Adoxaceae
Sambucus nigra subsp. canadensis 'Aurea'
5m ↔ 4m

낙엽활엽관목. 봄에 돋아나는 새 잎은 황금색이며 여름에 피는
흰색 꽃과 대비되어 정원에 포인트를 줄 수 있다. 연한 황금색
과 연한 녹색이 어우러지는 잎의 색이 아름답다.
Tip. 꽃과 열매를 나비나 야생동물이 좋아한다.

황금회화나무

 Zone4(-34℃)

싸리과Papilionaceae

Sophora japonica 'Aurea'

10~15m ··· 10~15m

낙엽활엽교목. 일반 회화나무와 형태는 비슷하지만 잎이 밝

은 노란색인 것이 특징이다. 봄에 새잎이 날 때 황금색이 더 강하게 나타나며 햇빛이 비칠 때 노란색 줄기와 함께 어우러져 더욱더 아름답게 보인다.

Tip. 일년생 줄기는 노란색으로 관상가치가 높아 매년 전정을 실시하면 좋다.

노랑일본조팝 ☼ ☀ 💧 Zone4(-34℃)

장미과Rosaceae
Spiraea japonica 'Gold Mound'
↕ 1m ⟷ 1.5m

낙엽활엽관목. 잎 전체가 황금색으로 돋아나는 것이 특징이며 봄부터 가을까지 강한 황금색 잎을 유지해 관상가치가 높다. 여름에 분홍색 꽃이 핀다.
Tip. 어느 토양에서도 잘 자라는 품종이다.

주목 '아우레스켄스' ☼ 💧 Zone5(-29℃)

주목과Taxaceae
Taxus cuspidata 'Aurescens'
↕ 1m ⟷ 2m

상록침엽관목. 일반 주목과 잎 모양은 같지만 노란색으로 봄에 색상이 가장 아름답다. 일년생 잎은 황금색이 강하게 나오지만 그 다음해에는 연한 녹색으로 자라는 특징이 있다.
Tip. 반음지나 음지에 식재하게 되면 잎이 연한 녹색으로 변하기도 한다. 가지와 잎이 조밀하게 자란다. 생장속도가 느리다.

 카나덴세곽향 '콴스 아우레아'　　Zone4(-34℃)

꿀풀과Lamiaceae

Teucrium canadense 'Kwan's Aurea'

⫶ 45~90cm ⋯ 45~90cm

다년초. 줄기와 잎 전체가 노란색으로 자라 색상이 아주 아름답고 관상가치가 높은 우수한 식물이다.

Tip. 척박한 환경에서도 잘 자라며 번식력도 좋아 기르기 쉽다. 국내 농장(도담식물)에서 개체 선발한 신품종이다.

 서양측백나무 '유로파 골드'　　Zone3(-40℃)

측백나무과Cupressaceae

Thuja occidentalis 'Europa Gold'

⫶ 4.5m ⋯ 3m

상록침엽관목. 잎은 노란색이며 가을에는 주황색으로 단풍이 든다. 일부 잎 안쪽에 있는 것은 연한 초록색을 나타내기도 한다.

Tip. 수형은 원뿔 모양으로 조밀하게 자란다.

 서양측백나무 '선키스트'　　Zone5(-29℃)

측백나무과Cupressaceae

Thuja occidentalis 'Sunkist'

⫶ 18m ⋯ 4m

상록침엽교목. 잎 안쪽은 녹색이고 바깥쪽은 황금색을 띠는 특징을 가지고 있다. 녹색과 황금색이 조화를 잘 이루는 모습이 아름답다. 수형은 원뿔 모양으로 자란다.

Tip. 화단에 포인트 식재로 심어도 좋다. 겨울철 바람에 동해 피해를 받을 수 있기에 가림막을 해주는 것이 좋다.

황금자주닭개비  Zone4(-34℃)

닭의장풀과Commelinaceae

Tradescantia 'Sweet Kate'

↕50cm ⋯50cm

다년초. 황금색 잎은 좁은 창 모양으로 나며 여름부터 가을까지 보라색 꽃이 핀다. 황금색의 잎에 보라색의 꽃이 피는 시기에는 잎과 꽃이 서로를 아름답게 하는 모습을 볼 수 있다.
Tip. 연못 가장자리나 계류 주변 습한 곳에 심으면 잘 자란다.

미노르느릅 '루이스 밴 호우테' ☼ ● Zone5(-29℃)

느릅나무과Ulmaceae

Ulmus minor 'Louis van Houtte'

↕20m ⋯10m

낙엽활엽교목. 잎의 색깔이 연한 황금색인 것이 특징인 품종으로 유럽에서는 가로수로 심을 정도로 공해에 강한 품종이다.
Tip. 수령이 많아질수록 잎이 황금색에서 점차 녹색으로 변한다.

안개나무 '앙코트'      Zone5(-29℃)

옻나무과nacardiaceae

Cotinus coggygria 'Ancot'

4.5m ·· 4.5m

낙엽활엽교목. 잎은 둥글며 봄부터 여름까지 황금색이다. 가을에는 붉은색에서 오렌지색으로 단풍이 든다. 늦은 봄에 솜사탕 모양의 노란색 꽃이 핀다.

Tip. 매년 봄에 전정을 실시하여 콤팩트한 수형으로 유지하면 좋다.

황금백당나무 Zone4(-34℃)

연복초과Adoxaceae

Viburnum opulus 'Aureum'

↥ 4m ⋯ 4m

낙엽활엽관목. 잎 전체가 황금색으로 매력적이다. 일부 안쪽
에 있는 잎은 연한 녹색으로 나타난다. 붉은색 열매 또한 관
상가치가 있다.

Tip. 열매에는 독성이 있다.

병꽃나무 '로오이만시 아우레아' Zone5(-29℃)

인동과Caprifoliaceae

Weigela 'Looymansii Aurea'

↥ 1.5m ⋯ 1.5m

낙엽활엽관목. 잎은 녹황색으로 가을에는 노란색으로 단풍

이 든다. 늦봄에서 초여름에 옅은 분홍색 꽃이 핀다. 꽃이 피
기 전에도 연한 노란색 잎이 식물을 아름답게 한다.

Tip. 꽃이 진 뒤에 전체적인 수형을 보면서 웃자란 가지 위
주로 전정을 하는 것이 좋다.

레일란디측백 '골드 라이더'   Zone8(-12℃)

측백나무과Cupressaceae

x *Cupressocyparis leylandii* 'Gold Rider'

⇡ 12m ↔ 5m

상록침엽교목. 잎은 끝은 진한 황금색으로 자라지만 안쪽은

연한 녹색으로 자란다. 잎의 밀도가 높아 풍성한 느낌을 준
다. 전체적인 수형은 원뿔 모양이다.

Tip. 햇빛이 잘 드는 곳에 식재하면 색이 더 아름답게 자란
다. 추위에 약하다. 생울타리로 식재시 아름다운 황금색 수
벽을 감상 할 수 있다.

03
Silver
foliage 은색을 품고 있는 잎

Silver foliage

은색을 품고 있는 잎

은색 잎을 지닌 식물이 특별히 더 아름다울 때는 아침이다.
잎에 새벽 서리가 맺혀 얼어 아침 햇살에 반짝이는 모습은 부지런한 가드너에게 정원이 주는 선물이다

은색 잎은 투쟁을 통해 얻은 훈장이다. 은색 잎을 가진 식물은 뜨거운 열기와 건조한 바람을 견뎌야 하는 사막 기후나 영하 30~40℃까지 내려가는 혹독한 고산성 기후, 뜨거운 햇빛과 건기가 지속되는 지중해성 기후 등을 치열하게 견디면서 은색 잎을 피워낸다. 극한의 환경에서 자라는 식물은 강한 바람을 견디기 위해 대체로 그 줄기와 잎이 작으며 마디가 짧다. 수분 증발을 막고 강한 햇빛을 견디며 어린 순이 서리 피해를 입지 않게 하기 위해 잎이 두껍고 털이 밀생하기도 한다.

은색 잎을 가진 수종은 볕이 잘 드는 곳을 좋아하며 건조한 토양과 해안 지역에서도 잘 자란다. 생육 기간 중 불리한 기간이 많아 상록의 잎으로 그 기간을 극복한다. 전반적으로 식물의 키가 작고 지면에 붙어 자라는 매트형, 반구형, 로제트형으로 자란다.

은색은 긴장을 완화시키고 평안함과 신뢰감을 준다. 단정하고 고급스러운 분위기를 연출하기도 한다. 정원에서는 어두운 계열의 수종들과 대비를 이루고 자주 계열 수종을 강조해준다. 또한 은색 잎은 주변을 은은하고 환하게 밝히기도 한다. 은색 잎을 지닌 식물이 특별히 더 아름다울 때는 아침이다. 잎에 새벽 서리가 얼어 아침 햇살에 반짝이는 모습은 부지런한 가드너에게 정원이 주는 선물이다. 미국의 롱우드가든Longwood Garden은 은색 식물을 모아 실버 가든Silver Garden을 조성해 관람객에게 큰 인기를 끌고 있다.

롱우드가든 실버 가든에 장식된 크리스마스 트리

롱우드가든의 실버가든.

여유롭고 멋스러운 은발의 관람객이 실버가든을 둘러보는 모습이

인상적이다. 식물과 사람 모두 은색으로 빛나고 있다.

롱우드가든의 실버가든.

은색 잎은 이슬을 머금은 아침,

혹은 서리가 내려앉은 겨울을 떠올리게 한다.

미국의 모리스수목원.

작고 앙증맞은 은빛 잎은 다른 색깔의 식물을 더욱 돋보이게 한다.

미국 펜실베이니아 주의 한 농장.
침엽수가 띠는 은빛은 정원에 시원한 느낌을 더하기도 하지만
침엽수 특유의 날카로움을 완화 한다.

갯국 Zone5(-29℃)

개미취과Asteraceae

Ajania pacifica

⫶30cm ⋯ 90cm

다년초. 잎 가장자리에 은색 테두리가 있으며 잎 전체에 은색 점이 스프레이로 뿌린듯 흩어져 있다. 가을이면 노란색 꽃을 피운다.

Tip. 물 빠짐이 좋도록 모래가 많은 토양을 조성해 주면 좋으나 건조에 약하므로 수분 관리에 유의해야 한다.

난쟁이은쑥 Zone5(-29℃)

개미취과Asteraceae

Artemisia schmidtiana 'Nana'

⫶15cm ⋯ 50cm

다년초. 잎은 짧고 가늘며 은색을 띠어 관상가치가 높다. 전체적으로 크기가 작은 품종이다. 반상록성 식물이며 잎에서 약간의 향이 난다.

Tip. 키가 작고 건조에 강하므로 수분 관리가 용이하지 않은 지역에 적합하다. 번식은 파종, 분주, 삽목으로 가능하다.

아틀란티카개잎갈 글라우카 그룹 ☀ ♦ Zone6(-23℃)

소나무과Pinaceae

Cedrus atlantica Glauca Group

⫶ 12m ⋯ 8m

상록침엽교목. 잎은 은청색이며 수형은 가지가 옆으로 퍼지는 형태로 자라는데 그 폭이 제법 넓다.

Tip. 겨울철 폭설로 인해 가지가 부러지지 않게 주의해야 하고 특별한 전정을 하지 않아도 피라미드 형태로 자란다.

편백 '블루 페더스' 🐦 ♦ Zone5(-29℃)

측백나무과Cupressaceae

Chamaecyparis obtusa 'Blue Feather'

⫶ 3.5m ⋯ 1.2m

상록침엽관목. 잎은 짙은 청녹색 침엽으로 품종명에서 알 수 있듯이 잎은 깃털처럼 빽빽하게 자란다. 겨울에도 잎이 푸른 상록수이다.

Tip. 성장 속도가 느리며 원뿔 형태로 낮게 자란다.

화백 '스노우' Zone5(-29℃)

측백나무과Cupressaceae

Chamaecyparis pisifera 'Snow'

⫶ 1.5m ⟶ 1.5m

상록침엽관목. 잎의 질감이 다른 화백보다 더 부드러운 것이 특징이며 잎 끝의 색깔이 흰색을 띤다. 수형은 반원형으로 자라며 특별한 전정이 필요 없다.

Tip. 초기 식재시에는 성장이 더디지만 활착 이후에는 성장 속도가 빠르며, 옆으로 자라는 성질이 강해서 주변 식물과 충분한 거리를 두고 식재한다. 겨울철 바람을 막을 수 있는 시설을 설치하는 것도 좋다.

화백 '블루바드' Zone4(-34℃)

측백나무과Cupressaceae

Chamaecyparis pisifera 'Boulevard'

⫶ 8m ⟶ 4m

상록침엽관목. 잎의 색이 봄과 여름에는 푸른색을 띠고 가을에는 푸른색과 은색이 함께 나타난다. 겨울에는 은색과 보라색으로 변하는 것이 특징이다.

Tip. 약산성 토양에서 잘 자란다.

삼나무 '크나프토넨시스' Zone6(-23℃)

측백나무과Cupressaceae

Cryptomeria japonica 'Knaptonensis'

⫶ 1.2m ⟶ 1m

상록침엽관목. 잎에 흰색과 녹색이 섞여 있는 독특한 외형을 자랑하는 품종으로 어린잎은 흰색으로 자라다 점차 녹색으로 변한다. 넓은 원뿔 모양으로 낮게 자란다.

Tip. 강한 햇빛에는 잎이 탈 수 있다.

글라우카김의털 Zone4(-34℃)

포아풀과Poaceae

Festuca glauca

‡ 15cm ⋯ 25cm

다년초, 크기는 소형이고 반원 형태다. 잎은 가늘며 푸른색을
띠고 여름에 밝은 녹색 꽃이 핀다.

Tip. 식재 후 3~4년이 지나면 중심부의 잎이 죽는 경향이
있어 필요시 봄에 포기나누기를 하면 좋다. 지역에 따라 상록
성이다.

엘레간스옥잠화 Zone4(-34℃)

비짜루과Asparagaceae

Hosta Sieboldiana var. *elegans*

‡ 60~90cm ⋯ 90~120cm

다년초. 잎은 크고 심장 모양이며 은청색이다.

Tip. 봄에 새순이 올라올 시기에는 건조하지 않게 주의해야
한다. 2~3년에 한 번씩 포기나누기를 해주면 생육에 좋다.

스코풀로룸향나무 '블루 엔젤'　　　　Zone6(-23℃)

측백나무과Cupressaceae

Juniperus scopulorum 'Blue Angel'

↕ 15m ⋯ 5m

상록침엽교목. 가지가 하늘로 치솟는 직립성이며 잎은 청회색을 띠어 관상가치가 좋다.

Tip. 특별히 관리하지 않아도 수형을 유지한다.

스쿠아마타향나무 '블루 스타'　　　　Zone4(-34℃)

측백나무과Cupressaceae

Juniperus squamata 'Blue Star'

↕ 0.1~0.5m ⋯ 0.5~1m

상록침엽관목. 전체적인 수형은 낮고 둥글다. 청회색 잎이 치밀하게 자란다. 겨울에서 봄이 오는 시기에 잎 끝 색깔이 붉은 빛을 띠기도 한다.

Tip. 낮고 빼곡하게 자라는 성향 때문에 지피식물로 사용할 수 있는 나무이다.

은청가문비 '코스터' Zone3(-40℃)

소나무과Pinaceae

Picea pungens 'Koster'

⫶ 4m ⤑ 1.5m

상록침엽관목. 안정감 있는 원뿔형 모양의 수형을 자랑하는 품종이다. 잎은 은청색으로 겨울에 눈이 왔을 때 색이 더욱 아름답게 보인다.

Tip. 약간 산성인 토양을 좋아하며 습한 장소에 심어도 잘 자란다.

은청가문비 '모이르헤이미' Zone2(-45℃)

소나무과Pinaceae

Picea pungens 'Moerheimii'

⫶ 15m ⤑ 4.5m

상록침엽교목. 잎은 밝은 은청색으로 특히 겨울철에 관상가치가 높은 나무다. 내한성이 무척 강해 전국 어디에 심어도 월동이 가능하다.

Tip. 수분을 좋아하는 나무이므로 건조하지 않도록 유의해야 한다.

게르마니카석잠풀 Zone5(-29℃)

꿀풀과Lamiaceae

Stachys germanica

⫶ 100cm ⤑ 50cm

다년초. 은색 털이 잎과 줄기 전체를 덮고 있어 동물 털처럼 보송보송한 느낌을 준다.

Tip. 과습한 환경을 싫어하므로 모래를 섞어 물 빠짐이 좋은 토양을 만들어주면 좋다.

04
Plum foliage 자주색이 강렬한 잎

Plum foliage

자주색이 강렬한 잎

자주색은 정원의 스타카토다.
어두운 자주색 잎을 가진 수종은 드라마틱하고 경이로운 느낌을 자아낸다.

붉은 계열의 색은 사랑, 열정, 비옥함을 주로 상징하며 활력을 준다. 강렬한 붉은 색 잎을 가진 수종은 정원에서 스타카토staccato 역할을 한다. 어두운 자주색 잎을 가진 수종은 드라마틱하고 경이로운 느낌을 자아낸다. 농익은 과일을 닮은 자주색은 가을 정원에서 흔히 만날 수 있는 단풍색이지만 다른 계절에 더욱 눈에 띈다. 자주색의 밝고 어두운 정도에 따라 상큼하고 발랄한 분위기를 유도하기도 하고 점잖고 고급스러운 분위기를 만들기도 한다.

한편, 붉은색은 그 자극적이고 대담한 색상 때문에 '정지, 금지, 위험, 경고'를 상징하기도 한다. 붉은색을 너무 많이 쓰면 눈에 피로감을 줄 수 있으므로 강조가 필요한 공간에 포인트로 활용한다. 붉은 톤의 잎이 다른 색 계열의 잎과 함께 식재되면 더욱 풍부하고 선명하게 색감이 표현될 수 있다. 자주색은 정원에서 그 주목성으로 인해 생각보다 사용하기에 까다로우므로 질감, 형태, 톤 등을 잘 고려해 다른 식물과 대조와 대비를 이루어 지루해지지 않도록 해야 한다. 정원에서 자주색 계열의 잎을 가진 나무는 훌륭한 배경 소재가 되기도 한다. 자주 계열의 잎은 조밀하게 수벽을 만들었을 때 색감이 더욱 짙어진다. 빛이 부족한 공간에 식재한 자주색 수종이나 붉은 색이 특별히 짙은 수종은 검은색에 가깝게 되는 경우도 종종 있다. 치명적으로 붉은 장미를 흑장미라고 부르는 것처럼.

다채로운 은색 잎을 가진 수종을 드라마틱하고 경이로운 느낌을 자아낸다.

뉴욕의 웨이브힐.

자줏빛 잎은 주변 식물의 열매, 꽃, 잎의 모양을 더욱 돋보이게 한다.

또한 정원에 입체감을 부여해 깊이를 더해준다.

자주색 바질.

친숙한 식물이 다른 빛을 띠고 있을 때 우리의 상상력과 즐거움은 더 커진다.

요리에 이용될 때도 독특하고 개성 있는 빛깔로 식탁을 꾸밀 것이다.

정원에서 만나는 짙은 자주색은 책 사이에 끼워 두고

오랜 시간 잊고 지낸 가을 단풍잎을 만난 듯 반갑다.

그리고 다시 한 번 정신을 가다듬고 집중하게 하는 매력이 있다.

정원에서 잠시 딴 생각을 하다
이토록 강렬한 화살나무 '콤팍투스' 잎을 만난다면
다시 정원에 집중할 수 있는 계기가 된다.

미국의 롱우드가든.
교목의 그늘에서도 비교적 잘 자라는
식물로 구성한 실습 정원이다.
자주색 계열의 잎 덕분에 함께 식재된
식물들의 패턴이 더욱 뚜렷하다.

미국의 찬티클리어가든.
그늘 아래에 놓인 보라색 의자에 앉아 바라보는 나무의 잎도 보랏빛이다.
가드너의 위트가 엿보이는 연출이다.

노란색에서 자주색으로 변해가는 단풍잎.

황금색과 붉은색의 조화가 아름답다.

단풍나무 '엔칸' ☼ ☀ ◐ Zone5(-29℃)

무환자나무과Sapindaceae

Acer palmatum 'Enkan'

╎ 3m ⋯ 1.8m

낙엽활엽교목. 수형이 크게 자라지 않는 편이다. 잎은 봄에
는 빨간색이고 여름에는 빨간색과 초록색이 섞여 나타나다
가 가을에 주황색 단풍이 든다. 이른 봄에 붉은색 꽃이 핀다.
Tip. 양지에서도 생육이 가능하나 강한 햇빛이 들지 않는 반
음지 식재가 적절하다. 겨울철 찬바람도 피할 수 있으면 더욱
좋다.

단풍나무 '후지나미니시키' ☼ ☀ ◐ Zone5(-29℃)

무환자나무과Sapindaceae

Acer palmatum 'Fujinami-nishiki'

╎ 2~4m ⋯ 2~4m

낙엽활엽교목. 늦은 봄부터 초여름까지 잎맥을 중심으로 검
붉은색과 붉은색을 동시에 볼 수 있어 눈길을 끄는 단풍나무
이다.
Tip. 반음지에서 무늬가 진하게 나오므로 햇빛이 너무 잘 드
는 양지에 식재 하는 것은 좋지 않다.

단풍나무 '신데쇼죠' ☼ ☀ ◐ Zone5(-29℃)

무환자나무과Sapindaceae

Acer palmatum 'Shindeshojo'

╎ 1.5~2.5m ⋯ 1.5~2.5m

낙엽활엽교목. 잎이 봄에는 붉은색이었다가 여름에는 녹색
과 흰색 반점이 나타나며 가을에는 오렌지색으로 변한다.
Tip. 소형 단풍나무로 봄에 새로 나오는 붉은색 잎이 인상적
이다. 햇빛이 강하거나 건조한 지역에는 식재를 삼가 해야
한다.

공작단풍 '베니시다레' ☀ ☀ ◐ ● Zone5(-29℃)

무환자나무과Sapindaceae

Acer palmatum var. *dissectum* 'Beni-shidare'
↕ 1.8m ⋯ 2.4m

낙엽활엽관목. 전체적으로 반원 형태로 자라며 아래로 처지는 모양이다. 이른 봄에 붉은색 꽃이 핀다.
Tip. 양지에도 식재가 가능하나 반음지에서 생육이 좋고 단풍 색도 좋다.

렙탄스아주가 '캐틀린스 자이언트' ☀ ● Zone4(-34℃)

광대나물과Lamiaceae

Ajuga reptans 'Catlin's Giant'
↕ 50cm ⋯ 50cm

다년초. 봄에 보라색 꽃이 핀다. 적갈색 장타원형 잎이 옆으로 퍼지며 자란다. 일반 아주가에 비해 잎이 큰 것이 특징이다.
Tip. 주로 화단 앞쪽에 식재하고 구근류(크로커스, 튤립 등)와 함께 식재하면 좋다.

자귀나무 '썸머 초콜릿' ☀ 💧 Zone6(-23℃)

미모사과Mimosaceae
Albizia julibrissin 'Summer Chocolate'
9~12m ⋯ 12m
낙엽활엽교목. 마치 머리빗처럼 작은 잎이 옹기종기 모인 자주색 복엽이 난다. 멀리서 보면 나무 전체가 분홍색 구름처럼 보이기

도 한다. 여름에 분홍색 술(Brush) 모양의 꽃이 핀다.
Tip. 밤에는 잎이 서로 포개지는 성질이 있어서 합환목이라고도 불린다. 일부 사람에게는 꽃가루가 알레르기 반응을 일으킬 수도 있다. 꽃에서 꿀벌과 나비가 좋아하는 향기가 난다.

자엽일본매자 '애드머레이션' ☀ 🌤 💧 Zone5(-29℃)

매자나무과Berberidaceae
Berberis thunbergii f. *atropurpurea* 'Admiration'
1m ⋯ 2.5m
낙엽활엽관목. 전체적으로 진한 붉은색을 띠어 인상적인 관상수이다. 잎 가장자리에는 노란색 또는 연두색의 무늬가 있다.
Tip. 특별한 관리가 필요하지 않지만 전정시 가시에 주의해서 작업해야 한다. 또한 어린아이들이 식물을 섭취할 경우 위험할 수 있기 때문에 주의해야 한다.

자엽일본매자 '로즈 글로' ☼ ☀ 💧 Zone5(-29℃)

매자나무과Berberidaceae
Berberis thunbergii for. *atropurpurea* 'Rose Glow'
⬍ 1.5m ⋯ 1.5m
낙엽활엽관목. 한 잎에 검붉은색, 붉은색, 분홍색이 섞여 빛나는 듯한 무늬가 보기 좋은 관목이다. 봄에 작은 노란색 꽃이 피고 가을에 구슬 모양의 붉은색 열매가 달린다.
Tip. 줄기에 가시가 있고 전정에 강해 주로 생울타리용으로 많이 식재 되고 있으나 독립적인 형태로 심어도 좋다. 열매는 새들의 먹이로도 유용하다.

캐나다박태기 '포레스트 팬지' ☼ ☀ 💧 Zone5(-29℃)

실거리나무과Caesalpiniaceae
Cercis canadensis 'Forest Pansy'
⬍ 8m ⋯ 4m
낙엽활엽관목. 잎은 넓은 심장 모양으로 봄에는 어두운 자주색이었다가 가을과 여름에는 보라색으로 변한다. 이른 봄 분홍색 꽃이 잎보다 먼저 핀다.
Tip. 성장은 느린 편이다. 키가 너무 높게 자라면 잎이 커지며 꽃을 피우지 않으므로 늦겨울이나 이른 봄에 60~90cm 높이로 강전정 해주면 좋다.

안개나무 '로얄 퍼플' ☼ ☀ 💧 Zone5(-29℃)

옻나무과Anacardiaceae
Cotinus coggygria 'Royal Purple'
4m ↔ 4m
낙엽활엽관목. 잎은 진한 보라색이며 가을철 붉은색으로 단

풍이 든다. 여름에 피는 분홍색 꽃을 멀리서 보면 마치 솜사
탕이나 구름 같은데 그 모습이 포근해 보이기도 한다.
Tip. 전정은 최소한으로 해주는 것이 좋다. 간혹 대목에서
맹아가 올라오는 경우가 있는데 그럴 경우에는 뿌리 가까이
에서 잘라주어야 한다.

유럽너도밤나무 '다윅 퍼플' ☀ ☀ ● Zone6(-23℃)

참나무과Fagaceae
Fagus sylvatica 'Dawyck Purple'
↕ 12m ⋯ 6m

낙엽활엽교목. 진한 갈색 또는 진한 보라색 잎은 밤나무 잎과 비슷하다. 전체적으로 직립하며 자라는 교목이다.
Tip. 시원하게 위로 자라는 수형으로 인해 독립수로 심기에 좋다. 습한 곳을 싫어하고 양지 바른 곳에서 잎의 색이 진하다.

홍띠  Zone6(-23℃)

포아풀과Poaceae

Imperata cylindrica 'Rubra'

10~50cm ↔ 10~50cm

다년초. 일반적인 녹색 억새류와 달리 붉은색을 띤다. 가늘고 긴 잎은 직립하는 성향이 있다. 바람결에 흔들리는 붉은색 물결이 보기 좋은 식물이다.

Tip. 추위에 약한 편이므로 중부 지방에서는 겨울 전에 월동 작업을 해주어야 한다. 3~4년마다 포기나누기를 하거나 자리를 옮겨주면 생육에 좋다.

꽃사과 '퍼플 웨이브' Zone4(-34℃)

장미과Rosaceae

Malus × adstringens 'Purple Wave'

9m ↔ 6m

낙엽활엽교목. 다른 꽃사과에 비해 큰 자주색 잎이 보기 좋은 사과나무이다. 봄에 피는 꽃도 밝은 자주색이다.

Tip. 자주색 잎이 가을에 갈색으로 단풍이 든다. 전지는 최소한으로 하는 것이 좋다.

흑룡   Zone6(-23℃)

비짜루과Asparagaceae

Ophiopogon planiscapus 'Nigrescens'

20cm ↔ 30cm

다년초. 가늘고 길며 끝이 둥근 잎을 가졌다. 흔히 볼 수 없는 검녹색 잎을 자랑하는 식물 중에 하나이다.

Tip. 햇빛을 좋아하지만 한여름의 강한 햇빛은 피해야 한다. 낮고 빽곡하게 자라는 특성으로 인해 지피식물이나 큰 나무의 하부를 커버해 주는 역할로 심기에 적절하다.

미루나무 '퍼플 타워' Zone5(-29℃)

버드나무과Salicaceae

Populus deltoides 'Purple Tower'

10m ⟷ 3m

낙엽활엽교목. 봄부터 돋아나는 진한 보라색 잎이 특징이다.

잎이 15〜20cm까지 자란다. 가을에는 갈색 빛이 도는 진한 녹색으로 단풍이 든다.

Tip. 대부분의 미루나무는 환경적응력이 뛰어나며 생장 속도 또한 빠른 편이다.

제브리나자주닭개비 Zone9(-7℃)

닭의장풀과Commelinaceae

Tradescantia zebrina

15cm ⋯ 20cm

다년초. 자주색 잎에 흰색 무늬가 이국적인 분위기를 연출하는 식물이다. 그 모습이 보라색 불꽃을 형상화한 것처럼 보인다.

Tip. 멕시코 남부가 원산지여서 실내식물로 적합하며, 햇빛이 잘 드는 창가에 배치해야 한다. 실내 재배시 건조에 주의하여야 한다.

붉은병꽃나무 '알렉산드라' Zone4(-34℃)

인동과Caprifoliaceae

Weigela florida 'Alexandra'

2.5m ⋯ 2.5m

낙엽활엽관목. 자주색과 갈색의 중간색을 띤 잎이 인상적인 식물이다. 여름에 분홍색 꽃이 핀다.

Tip. 작은 화단의 배경으로 쓰거나 한쪽 구석을 장식하기에 좋은 소재이다. 잎의 색과 수형을 유지하기 위해서 꽃이 진 후에 전정하면 좋다.

붉은병꽃나무 '폴리스 퍼푸레이스' Zone4(-34℃)

인동과Caprifoliaceae

Weigela florida 'Foliis Purpureis'

1m ·· 1.5m

낙엽활엽관목. 녹색 빛을 띠는 보라색 잎이 아름다운 정원수

이다. 늦봄에서 초여름에 분홍색 꽃이 피며 가지가 아치 형태로 자란다.

Tip. 전체적으로 크기가 작은 관목으로 화단 내에 포인트로 심거나 낮은 울타리 또는 배경으로 쓰기에 적절한 소재이다.

05
Exotic
foliage

이국적 정취가 느껴지는 잎

Exotic foliage

이국적 정취가 느껴지는 잎

이국적인 잎을 가진 식물은 정원을 보다 활기 있게 만들고,
계절과 기후를 초월해 색다른 분위기를 자아낸다.

개성이 넘치는 독특한 모양의 잎을 가진 양치식물이나 커다란 잎을 지닌 야자수는 이국적인 분위기를 자아낸다. 이러한 식물은 정원을 활기 있게 만들고 계절과 기후를 초월한 색다른 분위기를 자아낸다. 이국적인 분위기를 연출하기 위해서는 본래 대상지의 기후와 다른 기후대에서 자라는 식물을 활용해서 식재 계획을 세우는 것이 좋다. 하지만 본래 대상지의 기후와 다른 기후대의 식물을 토착종처럼 자연스럽게 식재하고 유지·관리하기란 쉽지 않다.

우리나라에서는 따뜻한 기후대에서 자라는 식물을 활용하면 그 효과가 크다. 사계절이 뚜렷한 우리나라의 기후 특성상 겨울의 추위와 봄과 가을의 서리를 어떻게 극복하느냐가 관건이다. 온실이 있다면 추운 계절에는 식물을 온실에 들여놓아 키울 수 있다. 하지만 따뜻한 기후대에서 온 식물은 거대한 크기로 생장하는 경우가 많아 작은 규모의 온실로는 한계가 있으며 유지·관리 비용도 무시할 수 없다. 따라서 일반적으로는 큰 규모의 수목원, 식물원, 연구 단지 등에서 이국적인 식물로 꾸민 정원을 조성하고 운영하는 경우가 많다. 국립수목원에는 열대식물자원 연구센터를 건립했다. 열대 우림 및 열대 건조 식물이 생육 가능한 환경을 조성하고 지구 온난화에 대비한 생물다양성 보전 연구를 하고 있다. 경기도 용인의 한택식물원에도 호주 온실, 중남미 온실 등이 조성되어 호주 및 뉴질랜드의 자생 식물과 사막 및 열대 식물을 관상할 수 있다

빅토리아 수련의 잎 뒷면. 잎맥과 잎의 색상 대비가 이국적인 느낌을 자아낸다.

제이드가든 만병초원에 자생하는 청나래고사리 군락.

양치식물 중에서도 청나래고사리의 질감과 색감은 돋보인다.

겨울에 봄을 기다리듯 남아있는 마른 포자엽의 모습도 인상적이지만

기지개를 펴듯 돋아나는 봄의 새잎도 앙증맞다.

겨울의 만병초. 만병초 잎은 화려한 색이나 무늬보다는

겨울을 나는 영리함에 주목할 필요가 있다.

잎을 돌돌 말아 매서운 바람과 혹한을 견딘다.

봄을 기다리는 법을 현명하게 터득했다.

겨울에 만병초는 침엽수가 된다.

빅토리아수련 잎 위에서 개구리가 쉬고 있다.

커다란 수련 잎 전체를 덮고 있는 주름의 질감과 잎 가장자리에 돋친

날카로운 가시의 모양은 꽃이 가질 수 없는 개성이다.

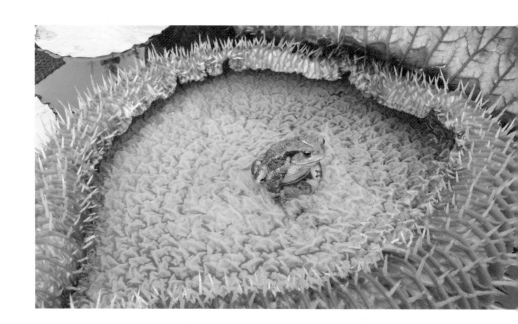

빅토리아수련의 잎 뒷면. 크고 화려한 도시일수록
땅속은 거미줄처럼 복잡하고 정교하게 얽혀 있다.
이처럼 빅토리아 수련의 커다란 잎 뒤에도
정교하고 힘찬 잎맥으로 멋진 작품이 숨어있다.

영국 힐하우스가든Heale House Garden에 식재된
건네라Gunnera 속 식물. 잎의 개성과 아름다움은
색감과 질감뿐만 아니라 크기와 형태를 통해서도 나타난다.
휴먼 스케일과 비교를 통해 감동은 더욱 크게 다가온다.

좋아하는 피자를 닮은 잎이 물에 떠 있다며 옹기종기 모여든 아이들.

어쩌면 작은 계기에서 식물에 대한 관심과 사랑이 싹틀 수 있다.

미국의 뉴욕식물원(위)과 롱우드가든(아래)에 식재된 토란류 식물.

토란류Colocasia 식물은 잎이 가질 수 있는 매력을 모두 갖추었다.

다양한 크기와 색깔, 뚜렷하고 개성 있는 잎맥.

거기에다 이슬이 맺혀있거나 구르는 모습까지 마주한다면

토란류 식물의 매력에 푹 빠질 것이다.

미국 뉴욕의 한 레스토랑.
상층부 관목은 여유롭게 힘을 빼고,
아래의 관목들은 자주색과 황금색이 교차되어
공간에 흥미로운 패턴을 더한다.

미국의 롱우드가든.

크로톤 Codiaeum variegatum var. pictum 의

화려한 잎은 꽃보다 충분히 아름답다.

롱우드가든의 고사리 플로어Fern Floor in the Conservatory.
사각 컨테이너에 식재된 나무고사리는 과거와 미래가
공존할 수 있다는 가능성을 보여준다.
지면 가까이에서 접하던 낯익은 고사리의 잎을
익숙하지 않은 높이에서 바라보게 해 신선한 느낌이다.

미국 브루클린식물원의 하디 베고니아.

잎의 뒷면이 띠고 있는 색깔은 빛의 방향에 따라 다양한 느낌을 더한다.

하디 베고니아를 정면에서 보면

마치 테두리에 무늬가 있는 것처럼 느껴진다.

롱우드가든의 캐나다솔송(위)과 모리스수목원의 블루아틀라스시더(아래)
웅장한 규모의 수고를 잎이 가득 채워 그 자체로 이미 작은 숲을 이루었다.

공작고사리   Zone3(-40℃)

공작고사리과Pteridaceae

Adiantum pedatum

⫶ 10~50cm ⋯ 10~50cm

다년초. 양치식물로 잎의 길이는 15~25cm정도이고 모양이 공작의 날개를 닮아서 공작초라고도 불린다. 잎자루는 자갈색에 광택이 있고 단단하다. 새잎이 날 때 엽질이 분홍색을 띠는 것도 있다.

Tip. 이른 봄에는 죽은 잎을 제거 해주면 좋다. 여름에 더위 피해를 입지 않도록 주의해 주어야 한다.

큰천남성 Zone5(-29℃)

천남성과Araceae

Arisaema ringens

⫶ 40cm ⋯ 20cm

다년초. 잎에 광택이 있으며 연한 녹색으로 3장의 작은 잎이 붙어서 큰 하나를 이루고 있다. 꽃은 5~7월에 피고 붉은색 열매가 8~9월에 옥수수처럼 달린다.

Tip. 열매와 뿌리 부분에 독성이 있어 식재 및 관리 시에 주의해야 한다. 수분이 충분한 토양에서 생육이 좋다.

은청개고사리   Zone5(-29℃)

우드풀과Woodsiaceae

Athyrium niponicum var. *pictum*

⫶ 30~45cm ⋯ 45~60cm

다년초. 녹색의 다른 양치식물과 달리, 한 잎에서 녹색, 은색, 회색을 모두 감상할 수 있는 고사리로 관상 가치가 좋은 소재이다.

Tip. 습윤한 환경에 식재 하거나 수분을 충분히 공급해 주어야 한다. 키가 작아 그늘진 공간이나 나무 밑의 지피식물로 적절하다.

토란  Zone8(-12℃)

천남성과Araceae

Colocasia esculenta

100cm ↔ 50cm

다년초. 달걀 모양의 넓은 타원형 잎이 알뿌리에서 나오고 긴 잎자루가 있다. 꽃은 9월에 노란색으로 핀다.

Tip. 고온다습한 환경에서 잘 자라고 건조에 약하다. 중부 지역 이상에서는 서리 내리기 전 알뿌리를 수확하여 월동 처리를 하고 다음해에 다시 식재하면 된다. 토란 수확 시 줄기에서 나오는 액체가 옷에 묻으면 얼룩이 잘 지워지지 않으니 주의해야 한다.

토란 '폰타네시'   Zone8(-12℃)

천남성과Araceae

Colocasia esculenta 'Fontanesii'

180cm ↔ 90cm

다년초. 길게 하늘로 뻗어 자라는 검은색 줄기 끝에 코끼리의 귀를 닮은 넓직한 잎이 달려 있어 이국적인 멋을 자랑하는 식물이다.

Tip. 연못 주변이나 물이 담긴 화분에 심어도 좋고, 수심 30cm에서도 잘 자란다.

도깨비쇠고비 Zone7(-18℃)

관중과Dryopteridaceae

Cyrtomium falcatum

100cm · · 100cm

상록다년초. 해안가 숲 가장자리에서 자생하며. 잎은 약 60cm 내외로 가죽질이며 짙은 녹색이다.

Tip. 추위에 약하므로 중부 지방에서는 충분하게 월동 처리를 해주거나, 식재를 자제하는 것이 좋다. 약한 건조는 견디며 실내식물로 이용할 수 있다.

쇠고비   Zone7(-18℃)

관중과Dryopteridaceae

Cyrtomium fortunei

80cm · · 100cm

상록다년초. 산지 숲 속에서 자생한다. 잎은 약 50cm 내외로 녹색이다. 뿌리줄기가 덩어리처럼 짧고 많은 잎이 하나에서 나온다.

Tip. 기르기 어렵지 않은 식물이나 추위에 약하므로 중부 지방에서는 겨울철 동해 피해를 입지 않도록 주의해야 한다.

넉줄고사리 Zone5(-29℃)

넉줄고사리과Davalliaceae

Davallia mariesii

10~50cm · · 50cm

다년초. 산지의 바위나 나무껍질 등에 붙어서 자생한다. 잎은 삼각형 모양으로 길이가 10~15cm 정도이다. 줄기는 갈색이고 비늘 조각으로 덮여있다.

Tip. 공중 습도가 높고 부엽질이 풍부한 토양에서 잘 자란다. 잎은 주로 잘 말려서 장식용으로 많이 사용한다.

관중   Zone5(-29℃)

관중과Dryopteridaceae

Dryopteris crassirhizoma

100cm ··· 150cm

다년초. 산야의 나무 그늘 아래에서 자생하고 잎은 주로 뿌리에서 나오고 약 100cm내외의 크기로 자란다. 줄기에는 광택이 나고 갈색 비늘이 달린다.

Tip. 주로 습하고 비옥한 토양에서 잘 자라며 어린잎은 주로 식용으로 사용한다.

홍지네고사리   Zone7(-18℃)

면마과Dryopteridaceae

Dryopteris erythrosora

100cm ··· 100cm

상록다년초. 어린잎은 구릿빛 분홍색이며 자라면서 차차 녹색으로 바뀐다. 무수히 많은 작은 잎들 때문에 전체적으로 질감이 도드라지는 특징이 있다.

Tip. 음지 식물이나 수분이 충분하다면 양지에서도 생육이 가능하다. 건조 피해를 입지 않도록 수분 관리에 유의해야 한다. 포막(포자를 싸는 막)은 어릴 때 주로 붉은색이다.

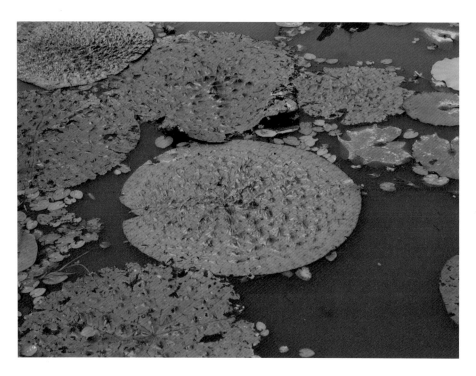

가시연 ☼ 수생

수련과Nyphaeaceae

Euryale ferox

⋯ 1m

수생일년초. 잎 뒷면과 줄기, 꽃봉오리에 가시가 있다. 잎 표면에 오돌도돌한 돌기가 솟아나는 특징이 있으며 여름에 보라색 꽃이 핀다.

Tip. 일년초로 결실한 씨앗을 진흙과 함께 완자 형태로 만들어 연못에 파종하여 식재하면 이듬해에 싹을 틔운다.

무화과 ☼ Zone8(-12℃)

뽕나무과Moraceae

Ficus carica

⁝ 4m ⋯ 4m

낙엽활엽관목. 다섯 갈래로 깊이 갈라지는 잎은 그 모양이 손을 닮아 인상적이다. 녹색의 잎 가운데 선명한 연노란색 잎맥이 돋보이기도 한다.

Tip. 추위에 약한 관목으로 중부 지방에서는 생육이 어렵고 온실에서만 재배할 수 있다. 봄과 여름에는 수분을 충분히 공급해 주어야 한다. 열매는 식용으로 이용한다.

아이비 '바덴바덴'  Zone6(-23℃)

두릅나무과Araliaceae
Hedera helix 'Baden-Baden'
⁞ 4~8m
상록활엽만경목. 불가사리를 닮은 별모양 잎은 3~5갈래로
갈라진다. 어린잎은 연한 갈색을 띠다가 녹색으로 변해간다.
Tip. 벽면이나 기둥 등을 덮는 식물로 키우기에 적합하며 원
하는 부분으로 성장을 유도해 주어야 한다.

아이비 '랄라 루크' Zone6(-23℃)

두릅나무과Araliaceae
Hedera helix 'Lalla Rookh'
⁞ 4~8m
상록활엽만경목. 3~5갈래로 갈라져 별모양을 한 잎은 연한
녹색 또는 짙은 녹색을 띤다. 잎이 전체적으로 통통한 느낌
이다.
Tip. 벽이나 기둥의 원하는 부분을 덮어주기 위해서는 전정
을 해주거나 끈 등으로 방향을 유도해 주면 좋다.

아이비 '티어드랍'  Zone6(-23℃)

두릅나무과Araliaceae
Hedera helix 'Teardrop'
⁞ 2m
상록활엽만경목. 보통의 아이비는 잎이 별모양이나 '티어드
랍'은 눈물방울 모양을 하고 있는 것이 특징이다.
Tip. 벽면 가득 녹색의 눈물방울로 장식할 수 있는 아이비
품종이다. 햇빛이 들지 않아 칙칙해 지기 쉬운 벽면의 녹화
에 적합하다.

떡갈잎수국 '브리도'  Zone6(-23℃)

수국과Hydrangeaceae

Hydrangea quercifolia Snowflake = 'Brido'

1.5~2.5m ↔ 1.5~2.5m

낙엽활엽관목. 여름이면 원추꽃차례의 흰색 꽃이 핀다. 잎은 참나무 잎을 닮았으며 가을이면 붉은색으로 단풍이 든다.
Tip. 이른 봄에 죽은 가지나 빈약한 가지 등을 전정해 주면 좋다. 번식은 겨울철 숙지삽으로, 봄에 녹지삽으로 한다.

호랑가시나무 Zone7(-18℃)

감탕나무과Aquifoliaceae

Ilex cornuta

3m ↔ 2m

상록활엽관목. 한국이 원산지인 식물로 남부 지방에서 자한

다. 잎은 어긋나서 피며 표면에 광택이 있다. 잎 가장자리에 있는 가시 모양의 톱니는 날카롭다.
Tip. 겨울철 찬바람을 직접 맞지 않고 한여름의 오후 햇빛을 피할 수 있는 위치에 식재하는 것이 좋다. 열매는 한약재로 쓰인다.

호랑가시나무 '디오르'  Zone7(-18℃)

감탕나무과Aquifoliaceae
Ilex cornuta 'D'Or'
¦ 3m ⋯ 3m
상록활엽관목. 매끈한 잎 표면이 가장 먼저 눈에 띄며 다른

호랑가시 품종과 달리 잎 끝에 하나의 가시돌기만 있는 것이 특징이다.
Tip. 열매는 노란색으로 달리는데 그 자체로 훌륭한 포인트 역할을 한다.

코이네아나감탕 '체스트너트 리프' Zone8(-12℃)

감탕나무과Aquifoliaceae
Ilex × koehneana 'Chestnut Leaf'
¦ 8m ⋯ 4m

록활엽교목. 잎이 밤나무 잎을 닮은 것이 특징이다. 잎의 길이는 최대 15cm까지 자라며 가장자리에 자잘한 가시 모양의 톱니가 있다. 열매를 섭취하면 배탈이 날 수가 있다.

완도호랑가시 Zone7(-18℃)

감탕나무과Aquifoliaceae
Ilex x *wandoensis*
⁞5m ⋯ 5m

상록활엽관목. 잎은 어긋나게 나며 광택이 있고 잎 가장자리
에 있는 가시는 불규칙하게 난다.
Tip. 한국이 원산지인 식물로 완도 지역에서 자생한다. 호랑
가시나무와 감탕나무의 자연 교잡종이다.

갯취  Zone5(-29℃)

개미취과Asteraceae
Ligularia taquetii
⁞100cm ⋯50cm
다년초. 잎이 크고 은청색을 띠는 종으로 이름에서 알 수 있
듯이 바닷가에서 자란다. 노란색 꽃이 여름에 피며 모양은
곰취꽃을 닮았다.
Tip. 가을에 성숙한 종자를 바로 파종하면 이듬해 싹을 볼
수 있다. 바닷가에서 자라는 식물이지만 추위에도 강해
Zone5 지역까지는 무리 없이 자란다.

폴리필루스루피너스 ☀ 💧 Zone7(-18℃)

싸리과Papilionaceae

Lupinus polyphyllus

⫶ 150cm ⋯ 50cm

다년초. 루피너스 속 중 잎과 꽃이 큰 종이다. 잎은 9~15갈
래로 갈라지며 꽃은 여름철 보라색으로 핀다.

Tip. 다량 섭취 시 위장 장애를 일으킬 수 있으므로 아이들
이 잎이나 꽃을 먹지 않도록 주의해야 한다.

메디아뿔남천 '리오넬 포테스큐' ☽ ☀ 💧 Zone7(-18℃)

매자나무과Berberidaceae

Mahonia × media 'Lionel Fortescue'

⫶ 4m ⋯ 4m

상록활엽교목. 잎은 복엽으로 자라며 표면에 광택이 있고 잎
가장자리에 거친 가시 모양의 톱니가 있는 것이 특징이다.
겨울에 피는 노란색 꽃은 약 40cm까지 자란다.

Tip. 죽은 가지나 약해진 가지는 꽃이 진 후에 전정해 주는
것이 좋다.

네가래  ☼ ☀ 수생 Zone5(-29℃)

네가래과Marsileaceae

Marsilea quadrifolia

↕ 20cm ⋯ 20cm

다년초. 잎의 생김새는 네잎클로버와 비슷하며 물에서 자라는 수생식물이다. 물이 많이 없는 곳에서는 물 위에 잎이 서 있기도 한다.

Tip. 즙을 내어 이뇨제와 열을 내리는 약제로 사용한다.

청나래고사리  ☼ ☼ ☀ ◐ Zone5(-29℃)

야산고사리과Onocleaceae

Matteuccia struthiopteris

↕ 150cm ⋯ 250cm

다년초. 우리나라 산에서 자생하는 양치식물이다. 봄에 돋아나는 새잎은 형광색에 가까운 녹색을 띠며 가을철까지 시원스러운 녹색 잎을 유지한다.

Tip. 어린잎은 식용을 하기도 한다. 여름철 생기 잃은 잎을 바짝 잘라주면 돋아나는 새잎을 다시 볼 수 있다.

연꽃   ☼ 수생   Zone5(-29℃)

연과Nelumbonaceae

Nelumbo nucifera

↕ 100~150cm ·· 100~150cm

다년초. 연못이나 논과 같은 곳에서 자라는 수생식물이다. 여름에는 물 위로 꽃대를 올려 분홍색의 커다란 꽃을 피우며 잎은 넓다.

Tip. 40~60cm 깊이의 수중 환경에서 잘 자란다.

개연꽃 ☀ 수생 Zone8(-12℃)

수련과Nymphaeaceae
Nuphar japonica
↕ 25~80cm ⋯ 20-50cm
다년초. 뿌리줄기 끝에 화살 모양의 커다란 잎이 달린다. 여름이면 작고 노란색 꽃을 피우는데 앙증맞은 모습이 보기에 좋다.
Tip. 수심은 최소 30cm 정도로 수생 환경을 조성해 주어야 한다. 중부 지방에서는 월동이 어렵다.

수련 '플라이' ☀ 수생 Zone9(-7℃)

수련과Nymphaeaceae
Nymphaea 'Ply'

다년초. 꽃에서 향이 나는 수련 중 하나다. 잎에 갈색의 얼룩무늬가 있어 꽃과 잎을 같이 즐길 수 있다.
Tip. 여름철 시들은 잎과 줄기를 제거해 주면 좋다.

스트로브잣나무 '콘토르타'   Zone4(-34℃)

소나무과Pinaceae

Pinus strobus 'Contorta'

⫯12m ⟷9m

상록침엽교목. 일반 스트로브잣나무와 달리 잎 모양이 파마를 한 것처럼 구불구불 나는 것이 특징이다.

Tip. 양지에 심어 주어야 잘 자라며 알카리성 토양에 심으면 잎이 갈색으로 변하기도 한다.

부탄소나무 Zone6(-23C)

소나무과Pinaceae

Pinus wallichiana

⫯20m ⟷6m

상록침엽교목. 일반적인 소나무와 달리 잎이 5장이며 25cm 까지 길게 자란다. 아랫부분의 가지가 옆으로 넓게 퍼져 자라는 성향이 있다.

Tip. 겨울철 바람에 의해 잎이 갈변하는 피해가 있어 바람에 직접 노출 된 곳과 건조한 지역을 피해 식재하면 좋다. 자생지에서 1년에 최대 1m까지 성장하는 속성수이다.

미역고사리   ☀ ☀ 💧 Zone8(-12℃)

고란초과Polypodiaceae
Polypodium vulgare
┆30cm ⋯50cm

다년초. 다른 고사리류처럼 잎이 매끈하지 않고 다소 울퉁불

통하고 넓직하다. 그 모양새가 미역과 비슷하다 하여 미역고
사리라는 이름을 갖게 되었다.
Tip. 바위틈이나 나무줄기에 붙어서 자라며 수분이 충분한
토양에서 잘 자란다. 번식은 봄에 포기나누기로 하면 된다.

생이가래   ☀ ☀ 수생

생이가래과Salviniaceae
Salvinia natans
⟷ 7~10cm

일년초. 전국의 호수와 습지에 사는 수생식물로 잎은 3장씩
돌아가면서 나며 1장은 물에 잠겨 보이지 않는다. 뿌리가 없
는 식물로 물에 잠긴 잎이 뿌리 역할을 한다.
Tip. 열을 내려 주는 한약재로 사용 된다.

부처손  Zone4(-34℃)

부처손과Selaginellaceae

Selaginella tamariscina

⫶ 20cm ⋯ 15cm

다년초. 잎의 모양새가 측백나무와 비슷한 양치식물이다.

겨울에도 푸른 잎을 볼 수 있는 상록성 다년초로 건조한 바위에 붙어 자생한다.

Tip. 잎이 오그라들면 물이 부족하다는 신호로 물을 주면 잎이 다시 펴진다

우산나물 Zone4(-34℃)

개미취과Asteraceae

Syneilesis palmata

⫶ 70~120cm ⋯ 30~60cm

다년초. 줄기 위에 나는 잎이 가늘고 길쭉하게 여러 갈래로 갈라지는 모양새가 우산의 살과 비슷하다 하여 우산나물이라 불리게 되었다.

Tip. 나무가 우거진 그늘 공간에 하부 식재 식물로 적합하다.

임브리카툼낙우송 '누탄스'   Zone5(-29℃)

측백나무과Cupressaceae

Taxodium distichum var. *imbricatum* 'Nutans'

⁞ 9m ⋯ 4m

낙엽침엽교목. 일반 낙우송보다 잎이 더 가늘어 아래로 쳐지는 성향이 있어 깃털과 비슷하게 보이는 것이 특징이다.

Tip. 수분이 충분히 있는 토양을 좋아한다. 가지가 빽빽이 자라기에 죽은 나무 가지는 수시로 쳐 주는 것이 좋다.

아마조니카빅토리아 ☼ 수생 Zone11(4℃)

수련과Nymphaeaceae

Victoria amazonica

⋯ 6m

다년초. 아마존이 원산지인 열대수련의 한 종류로 잎의 지름 이 최대 2m 넘게 자란다. 꽃은 야간에 피는데 한번 피면 2∼3일 정도 볼 수 있다.

Tip. 수심이 1m 정도 되는 곳에 식재하는 것이 가장 좋으나 최소 60cm까지 가능하다. 우리나라 전 지역에서 노지 월동 이 되지 않아 일년초로 취급한다.

삼색참중나무 Zone5(-29℃)

멀구슬나무과Meliaceae

Toona sinensis 'Flamingo'

15m ↔ 10m

낙엽활엽관목. 잎의 색은 봄에 밝은 분홍색에서 옅은 노란 색. 여름에 밝은 녹색. 가을에 노란색으로 계절마다 다양하게 변한다.

Tip. 선선한 봄 기온이 오래 유지 되는 곳에 심어야 여러 가지 색의 잎을 볼 수 있다.

170

부록

에이서^{Acer}

에이서(영명: Maple)는 주로 아시아, 유럽, 북아프리카, 북미에 거쳐 약 130여 종류가 분포하고 있다. 대부분 낙엽성이며, 일부 종은 상록성으로 동남아시아와 지중해 지역에서 자란다. 가을철 단풍이 아름다운 잎은 손바닥 모양으로 3~9개, 드물게는 13개의 결각이 있거나 소엽이 3~7개로 구성된 잎이 달린다. 일부 종은 화려하고 아름다운 수피를 가지고 있다. 품종은 약 1,000여 종 이상이 있으며 대부분 단풍나무^{Acer palmatum}에서 선발되었고 일본에서 가장 많은 품종이 개발되어 품종명이 한자나 일본어인 경우가 많다.

양지와 반음지에서 모두 잘 자라며 배수가 잘 되고 비옥한 토양을 좋아한다. 시비는 단풍 시기를 피해 봄부터 여름, 겨울에 실시한다. 일반적으로 병충해에 강한 편이지만 흰 가루가 덮이는 흰가루병, 줄기를 파고 들어가는 침식충, 진딧물 등에 피해를 입을 수 있다. 전정은 늦가을에서 초겨울, 또는 잎이 완전히 나온 후에 실시한다. 봄 전정은 수액이 흘러나와 상처 치유를 지연시키므로 피해야 한다.

에이서는 다양한 수형과 잎 형태, 화려한 단풍 색을 갖고 있어 가로수, 독립수 등 여러 곳에 식재 가능하다. 아름다운 단풍을 보기 위해서는 햇빛이 잘 들고 공중 습도가 높으며 밤낮의 일교차가 큰 곳에 심으면 좋다.

잎에 무늬가 들어가는 종

황금색 잎을 가진 종

잎이 얇게 갈라지는 종

코니퍼^{Conifer}

코니퍼는 침엽수를 통칭하는 의미로 측백나무과 Cupressaceae, 소나무과Pinaceae, 주목과Taxaceae 등 바늘잎을 가진 6~8과의 식물로 상록성이 많다. 일찍이 유럽과 북미에서 다양한 침엽수를 수집·개발함으로써 많은 품종이 정원 소재로 사용되고 있다.

침엽수의 경우, 어린 나무를 식재한 후 주기적으로 가지치기를 해주어 수형을 유지시키고 생육이 안정될 때까지 거름을 주고 관리를 잘 해주어야 한다. 또한 밀식되어 있는 나무는 적절한 간격을 유지하도록 정기적으로 전정을 하거나 이식을 해주는 방법이 있지만 완전히 성장했을 때 크기를 고려하여 충분히 공간을 두고 식재하는 것이 가장 좋다. 겨울철 눈의 하중으로 가지가 부러지거나 처지는 경우를 대비하여 전정을 할 필요가 있다. 그 외 특별하게 관리해주어

야 할 부분은 활엽수에 비해 상대적으로 적은 편이
다.

침엽수의 많은 품종은 다양한 수형, 크기, 잎의 색, 질
감 등을 갖고 있어 여러 공간에 활용할 수 있다. 또한
여러 침엽수로 구성된 정원일 경우, 형태와 크기, 잎
의 색, 질감 등에 따라 적절히 배치하여 변화감을 줄
수 있다.

잎에 무늬가 들어가는 종

황금색 잎을 가진 종

은청색의 잎을 가진 종

독특한 형태의 잎을 가진 종

헤데라Hedera

헤데라(영명: Ivy)는 주로 유럽, 아프리카, 아시아에 걸쳐 약 12~15개 종류가 분포하고 있다. 상록성이며 흡착근이 발달하여 나무 줄기, 바위 등에 붙어 덩굴성으로 자라거나 지면을 포복해 자란다. 품종을 포함하여 약 300여 종이 있으며 잎은 크게 기본 잎과 갈라진 잎으로 나뉜다. 품종은 무늬의 색상, 크기, 형태, 성상 및 생육 습성 등에 따라 매우 다양하다. 헤데라 헬릭스Hedera helix에서 선발된 품종이 대부분이며 가장 많이 이용된다.

주로 반음지이고 배수가 잘되며 비옥한 토양에서 잘 자란다. 또한 열, 건조, 광, 산도 등 환경 적응력이 매우 강한 편이다. 일반적으로 병충해에 강하지만 진딧물, 응애 등의 피해가 있으며 일반적인 방제로 예방할 수 있다. 주로 발생하는 점무늬병은 과습으로 발생하는데 배수가 잘 되고 통풍을 좋게 하면 예방할 수 있다. 동절기에 강한 햇빛이나 바람은 피해를 줄 수 있으므로 나무 아래, 건물 주변 등 햇빛과 바람에 노출되지 않는 곳에 식재하는 것이 좋다.

헤데라는 지피식물로 가장 많이 이용되며 건물 외벽, 옹벽, 옥상 정원 등 녹화나 차폐용으로도 이용된다. 음지에서도 잘 자라서 실내 식물로 이용 가능하며 행잉 바스켓, 토피어리 등 다양하게 활용되고 있다. 다른 나무에 위해가 되지 않도록 식재해야 한다. 헤데라가 나무를 타고 올라가 나무를 덮어 빛을 차단하지 않게 관리하고 무성히 자란 헤데라의 무게로 인해 강풍이나 적설 등의 피해를 입어 나무가 넘어지거나 가지

가 찢어지지 않게 관리해야 한다.

중앙에 무늬가 들어가는 종

가장자리에 무늬가 들어가는 종

호스타Hosta

호스타는 일본, 중국, 한국, 극동 러시아까지 약 45개 종류가 분포하는 다년생 초본이다. 호스타의 가치는 19세기 중반 유럽으로 전파되면서 알려졌고 현재까지 약 3,000개의 품종이 등록되어 있으며 지금 이 순간

에도 많은 품종이 연구·개발되고 있다. 잎의 형태에 따라 달걀 모양, 창 모양, 둥근 모양, 심장 모양으로 나뉘며 무늬는 넓이와 위치에 따라 나뉜다. 무늬의 색은 흰색에서 노란색, 연녹색으로 다양하며 일부 품종은 잎 전체의 색이 청녹색이거나 엷은 노란색을 띤다. 호스타는 대부분 반음지 및 음지에서 잘 자라며 잎의 색상에 따라 빛 요구도가 달라진다. 일반적으로 잎이 짙은 녹색일수록 음지에서 잘 자라며 다양한 색을 가진 품종은 색을 유지하기 위해 더 많은 빛을 필요로 한다. 하지만, 강한 햇빛은 잎에 피해를 줄 수 있어 주의해야 한다.

호스타는 약산성이고 유기질이 풍부한 토양을 좋아한다. 필요에 따라 유기질 비료는 일 년에 한 번, 잎이 나기 전에 주는 것이 좋다. 특히 배수가 중요하다. 습한 토양은 부패, 바이러스, 탄저병 피해를 유발할 수 있어 주의해야 한다. 그밖에 달팽이, 토끼, 사슴 피해와 우박에 주의해야 한다.

번식은 기본종일 경우 봄에 파종을 하고, 품종은 이른 봄이나 늦가을에 포기나누기를 실시한다. 호스타는 다른 종에 비해 관리하기 용이하며 잎의 형태, 색, 무늬가 다양하고 꽃 색 또한 다양해 여러 가지 방식으로 활용할 수 있다. 따라서 호스타 만으로도 충분히 정원을 조성할 수 있지만 잎이 노란색 계통의 품종(전체가 노란색이거나 노란색 무늬가 넓은 품종)을 많이 사용할 경우, 화려한 색상으로 인해 전체적인 조화를 깨뜨려 혼란을 줄 수 있다. 전체적으로 녹색이나 청색인 품종, 좁은 무늬가 있는 품종을 사용하며 노란색 계통의 품종은 악센트 식재로 이용하는 것이 좋다.

중앙에 무늬가 들어가는 종

가장자리에 무늬가 들어가는 종

은청색의 잎을 가진 종

아일렉스 Ilex

아일렉스(영명: Holly)는 주로 온대, 아열대 지방에 분포하며 전세계적으로 약 400~600여 종류가 교목, 관목, 덩굴성으로 자라고 있다. 정원에 이용되는 아이렉스는 품종을 포함하여 상록성이 약 700~800여 종류, 낙엽성이 약 30여 종류가 있다. 상록성 잎은 가시 같은 톱니와 광택이 있고 꽃은 작다. 검은색, 갈색, 녹색, 빨강색 등 다양한 색의 열매도 아름다워 많이 이용되고 있다. 암수딴그루로 겨울철 열매를 관상하려면 암·수나무를 함께 심어야 한다(비율은 암나무 10그루 : 수나무 1그루). 보통 붉은색의 열매는 다음해 봄까지 달려 있어 새들에게 좋은 먹이가 된다.

아이렉스는 양지와 반음지에서 잘 자라며 일부 무늬종은 양지에 심어야 색을 유지할 수 있다. 약한 산성에 유기질이 풍부한 토양에 배수가 잘 되며 공중 습도가 높은 곳이 좋다. 기본종일 경우 파종을 하며 발아까지 2~3년이 걸린다(노천 매장 2년 후 봄에 파종). 삽목 증식이 잘 되어 품종은 여름에 녹지삽을 실시한다.

아이렉스는 가로수, 독립수, 생울타리용으로 많이 이용된다. 특히 전정에 강해 원하는 수형으로 재배 가능하다. 짙고 광택 있는 잎과 붉은 열매는 크리스마스 장식용으로 이용된다.

중앙에 무늬가 들어가는 종

가장자리에 무늬가 들어가는 종

그라스 Grass

그라스란 대부분 잎이 좁고 기부에서 자라는 식물로 벼과와 사초과 식물이 여기에 포함된다. 유럽과 북미 등의 정원에서 빠지지 않는 인기 식물이다. 최근 우리나라에서도 많이 이용되고 있으며 여러 종류가 유통되고 있다. 대부분의 그라스는 양지에서 잘 자라며(카렉스(Carex), 하코네클로아(Hakonechloa) 등 반음지가 적지인 일부 제외) 햇빛이 부족할 경우, 꽃이 피지 않거나 곧게 자라지 않고 쓰러지기 때문에 식재지를 선정할 때 주의해야 한다. 약산성에 배수가 용이하고 비옥한 토양이 좋지만 척박한 환경에서도 잘 적응한다. 질병과 해충에 강하며 봄에 묵은 잎을 정리만 해주면 되어 다른 식물에 비해 관리하기 용이하다.

억새류와 같이 지하경이 발달하는 식물은 3~4년이면 완전히 성숙한다. 포기가 무성하게 자라면 안쪽의 생육 상태가 나빠지게 되는데 분주하여 적당한 양을 다시 식재하면 된다. 번식은 품종일 경우, 형질을 유지하기 위해 포기나누기를 실시하는데 뿌리가 너무 작게 잘리지 않게 유의하고 흙이 잘 붙어 있도록 작업하는 것이 좋다. 기본종은 이른 봄부터 초여름 사이에 파종을 하여 대량으로 생산할 수 있다.

곧게 자라는 식물일 경우, 잎의 수직적인 형태와 다양한 색상을 이용해 악센트 식재나 군락 식재로 활용할 수 있으며 그 자체만으로도 훌륭한 관상 가치가 있다. 특히 가을에 꽃과 잎이 함께 바람에 흔들리는 모습은 시각적·청각적 효과가 크다. 낮게 자라는 식물일 경우, 정원의 가장자리나 경계부에 식재하고, 경사지에 지피식물, 침식 방지용으로 사용할 수 있다.

무늬가 가로로 들어가는 종

황금색 잎을 가진 종

은청색의 잎을 가진 종

무늬가 세로로 들어가는 종

잎의 끝 부분에 붉은색 무늬가 들어가는 종

Plant Hardiness Zone

식물 내한성 구역이란?

식물 내한성 구역Plant Hardiness Zone이란 미국농무부 USDA에서 만든 식물의 내한성 강도를 나타내는 지표다. 미국농무부는 이 내한성 강도를 구역zone1에서 구역13까지 나누었고 각 구역을 다시 a와 b로 나누었다.

식물 내한성 구역 지표의 중요성

식물에게 내한성이란 다음 해 생존을 위한 가장 중요한 환경 요인이기 때문에 식물의 내한성은 어떤 장소에 식물을 식재하기 전, 최우선으로 고려해야 한다. 세계 여러 나라에서는 이러한 중요성을 인식하고 미국농무부가 만든 식물 내한성 구역 등급을 기준으로 지도를 만들고 있다. 식물 내한성 구역 지도에서 내한성 강도는 그 등급에 맞는 고유의 색으로 표시되어 그 지역의 평균 최저 온도는 몇 도(℃)까지 떨어지는지 알기 쉽게 보여준다.

USDA Plant Hardiness Zone 등급표

등급		온도범위	
		℃	℉
1	a	−51.1 ~ −48.3	−60 ~ −55
	b	−48.3 ~ −45.6	−55 ~ −50
2	a	−45.6 ~ −42.8	−50 ~ −45
	b	−42.8 ~ −40	−45 ~ −40
3	a	−40 ~ −37.2	−40 ~ −35
	b	−37.2 ~ −34.4	−35 ~ −30
4	a	−34.4 ~ −31.7	−30 ~ −25
	b	−31.7 ~ −28.9	−25 ~ −20
5	a	−28.9 ~ −26.1	−20 ~ −15
	b	−26.1 ~ −23.3	−15 ~ −10
6	a	−23.3 ~ −20.6	−10 ~ −5
	b	−20.6 ~ −17.8	−5 ~ −0
7	a	−17.8 ~ −15	0 ~ 5
	b	−15 ~ −12.2	5 ~ 10
8	a	−12.2 ~ −9.4	10 ~ 15
	b	−9.4 ~ −6.7	15 ~ 20
9	a	−6.7 ~ −3.9	20 ~ 25
	b	−3.9 ~ −1.1	25 ~ 30
10	a	−1.1 ~ 1.7	30 ~ 35
	b	1.7 ~ 4.4	35 ~ 40
11	a	4.4 ~ 7.2	40 ~ 45
	b	7.2 ~ 10	45 ~ 50
12	a	10 ~ 12.8	50 ~ 55
	b	12.8 ~ 15.6	55 ~ 60
13	a	15.6 ~ 18.3	60 ~ 65
	b	18.3 ~ 21.1	65 ~ 70

미국 식물 내한성 구역 지도
(출처: http://planthardiness.ars.usda.gov/PHZMWeb/Default.aspx)

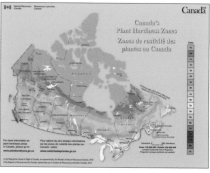

캐나다 식물 내한성 구역 지도 (출처: http://planthardiness.gc.ca/)

식물 내한성 구역 지표 활용 방법

이 책에서는 식물 내한성 구역을 USDA 내한성 구역 지표 기준인 13등급을 사용하여 각 시 · 군 별로 나열하였으며 기준이 되는 각각의 등급을 a와 b로 나누었다. 이 표를 이용하여 책에 나와 있는 식물의 내한성 등급이 심고자 하는 지역의 내한성 구역과 맞는지 확인 한 다음 식물을 식재 한다면 동해 피해를 최소한으로 줄일 수 있다. 또한 각 지역에 최저 온도 극값 1~5위까지를 포함 하였다. 그 값의 평균과 비교하여 본인이 거주하는 지역의 가장 추웠던 온도를 알아 매년 대비하는 것도 추천한다.

※ 이 책에 나와 있는 지역별 내한성 등급은 대한민국 기상청의 기상 관측 자료를 이용하였다. 1985년 1월 1일에서 2014년 12월 31일까지 각 해의 최저 온도 30개 값을 더한 뒤 평균을 내서 나온 값이며, 관측 기록이 30년이 되지 않은 지점은 관측이 시작 된 시점부터 2014년 12월 31일까지의 기상 자료를 사용하였다.

지도에 색칠 되어 있는 구역의 내한성 등급은 그 지역의 최저 온도 평균값을 나타낸 것이며, 자세한 지역별 내한성 등급은 178~194 페이지의 시 · 군별 내한성 구역 지표를 참고 하면 된다. 또한 각 지역별 역대 최저 온도 자료를 보고 그 지역이 가장 추웠던 시기의 내한성 등급을 상기하여 대비하는 것을 추천한다.

※ 내한성 구역 등급 구하는 방법

이 책에 나와 있는 내한성 등급을 구하기 위해 필요한 기상 자료는 기상청 홈페이지에 들어가면 손쉽게 열람할 수 있다. 예를 들어 서울특별시의 내한성 등급을 구하기위해서는 1985년부터 2014년까지 각 해 최저 기온을 알아야 한다.

서울특별시에 1985년부터 2014년까지 각 해 최저 기온은 합하면 −424.4가 나오고 이 더한 값을 30을 나누면 −14.15℃가 나온다. 이 값을 USDA 내한성 구역 등급 기준에 적용하면 서울특별시의 내한성 등급은 7b 라는 것을 알 수 있다.

대한민국 시 · 군별 내한성 지도
Plant Hardiness Zone of Korea

Zone	Temp(℃)
6a	−23.3 to −20.6
6b	−20.6 to −17.8
7a	−17.8 to −15
7b	−15 to −12.2
8a	−12.2 to −9.4
8b	−9.4 to −6.7
9a	−6.7 to −3.9
9b	−3.9 to −1.1

178

시 · 군별 식물 내한성 구역 지표(관측지점 기준)

서울특별시

ZONE	주소	기상 관측 시작 연도	기상관측 종류	해발고도(m)
7b	서울특별시 강남구 삼성동	1997	방재관측	59.6
7a	서울특별시 강동구 고덕동	1997	방재관측	56.9
7b	서울특별시 강북구 수유동	2001	방재관측	55.7
7b	서울특별시 강서구 화곡동	1997	방재관측	79.1
7a	서울특별시 관악구 남현동	2010	방재관측	87.1
7a	서울특별시 관악구 신림동	1997	방재관측	145.1
7b	서울특별시 광진구 자양동	1997	방재관측	38
7b	서울특별시 구로구 궁동	2001	방재관측	53.5
7b	서울특별시 금천구 독산동	1997	방재관측	99.9
7a	서울특별시 노원구 공릉동	1997	방재관측	52.1
7a	서울특별시 도봉구 방학동	1997	방재관측	55.5
7b	서울특별시 동대문구 전농동	1997	방재관측	49.4
7a	서울특별시 동작구 사당동	2012	방재관측	17
7b	서울특별시 동작구 신대방동	1997	방재관측	33.8
7b	서울특별시 마포구 망원동	1997	방재관측	25.5
7a	서울특별시 서대문구 신촌동	1997	방재관측	100.6
7b	서울특별시 서초구 서초동	1997	방재관측	35.5
7b	서울특별시 성동구 성수동1가	2000	방재관측	33.7
7a	서울특별시 성북구 정릉동	1997	방재관측	125.9
7b	서울특별시 송파구 잠실동	1997	방재관측	53.6
7b	서울특별시 양천구 목동	1997	방재관측	9.7
7a	서울특별시 영등포구 당산동	1997	방재관측	24.4
7b	서울특별시 영등포구 여의도동	1997	방재관측	10.7
7b	서울특별시 용산구 이촌동	1997	방재관측	32.6
7a	서울특별시 은평구 진관내동	1997	방재관측	70
7b	서울특별시 종로구 송월동	1985	지상관측	85.8
6b	서울특별시 종로구 평창동	2010	방재관측	332.6
7a	서울특별시 중구 예장동	1997	방재관측	266.4
7b	서울특별시 중랑구 면목동	1997	방재관측	40.2

부산광역시

ZONE	주소	기상 관측 시작 연도	기상관측 종류	해발고도(m)
8b	부산광역시 강서구 대항동	1997	방재관측	73.3
8a	부산광역시 금정구 장전동	1997	방재관측	71.1
8a	부산광역시 기장군 일광면 이천리	1997	방재관측	65
8a	부산광역시 남구 대연동	1997	방재관측	14.9

8b	부산광역시 남구 용호동	2010	방재관측	37.72
8b	부산광역시 동래구 명륜동	1997	방재관측	18.9
8a	부산광역시 부산진구 범천동	1997	방재관측	17.6
8a	부산광역시 북구 구포동	1997	방재관측	34.5
8b	부산광역시 사하구 신평동	2001	방재관측	11.1
7b	부산광역시 서구 서대신동3가	1997	방재관측	518.5
8b	부산광역시 영도구 동삼동	1997	방재관측	137.9
8a	부산광역시 영도구 신선동3가	2010	방재관측	78.58
8b	부산광역시 중구 대청동1가	1985	지상관측	69.56
8b	부산광역시 해운대구 우동	1997	방재관측	63

대구광역시

ZONE	주소	기상 관측 시작 연도	기상관측 종류	해발고도(m)
8a	대구광역시 달성군 현풍면 원교리	1997	방재관측	36.1
8a	대구광역시 동구 신암동	1985	지상관측	64.08
8b	대구광역시 동구 효목동	2013	지상관측	49
8a	대구광역시 서구 중리동	1997	방재관측	62.8
8a	대구광역시 수성구 만촌동	1997	방재관측	63

인천광역시

ZONE	주소	기상 관측 시작 연도	기상관측 종류	해발고도(m)
7a	인천광역시 강화군 교동면 대룡리	1997	방재관측	41.9
7a	인천광역시 강화군 삼성리	1985	지상관측	47.01
7b	인천광역시 강화군 서도면 볼음도리	1999	방재관측	13.3
7a	인천광역시 강화군 양도면 도장리	1997	방재관측	29
7b	인천광역시 부평구 구산동	2001	방재관측	31
7a	인천광역시 서구 공촌동	1997	방재관측	45.2
7a	인천광역시 서구 금곡동	1997	방재관측	35
7b	인천광역시 연수구 동춘동	1997	방재관측	9.1
8a	인천광역시 연수구 동춘동	2001	방재관측	10.2
8a	인천광역시 옹진군 대청면 소청리	1999	방재관측	76.1
8b	인천광역시 옹진군 덕적면 백아리	2001	방재관측	60.5
7b	인천광역시 옹진군 덕적면 진리	1997	방재관측	203
8a	인천광역시 옹진군 백령면 진촌리	1998	방재관측	32.8
7b	인천광역시 옹진군 북도면 장봉리	1997	방재관측	10.4

7b	인천광역시 옹진군 연평면 연평리	1997	방재관측	13
8a	인천광역시 옹진군 연화리	2000	지상관측	144.86
8a	인천광역시 옹진군 영흥면 내리	2001	방재관측	26
8b	인천광역시 옹진군 영흥면 외리	2001	방재관측	13.3
8a	인천광역시 옹진군 자월면 자월리	1999	방재관측	18.8
7b	인천광역시 중구 남북동	1997	방재관측	15
7b	인천광역시 중구 무의동	2001	방재관측	22.9
7b	인천광역시 중구 운남동	1997	방재관측	23.9
7b	인천광역시 중구 을왕동	1997	방재관측	124
7b	인천광역시 중구 전동	1985	지상관측	71.43

광주광역시

ZONE	주소	기상 관측 시작 연도	기상관측 종류	해발고도(m)
8a	광주광역시 광산구 용곡동	1997	방재관측	30.4
8a	광주광역시 동구 서석동	1997	방재관측	107.9
7a	광주광역시 동구 용연동	2001	방재관측	911.8
7b	광주광역시 북구 오룡동	1997	방재관측	32.4
8a	광주광역시 북구 운암동	1985	지상관측	72.38
8a	광주광역시 서구 풍암동	1997	방재관측	63

대전광역시

ZONE	주소	기상 관측 시작 연도	기상관측 종류	해발고도(m)
7a	대전광역시 대덕구 장동	1997	방재관측	83.9
7a	대전광역시 동구 세천동	1997	방재관측	91.8
7b	대전광역시 유성구 구성동	1985	지상관측	68.94
7b	대전광역시 중구 문화동	1997	방재관측	77.3

울산광역시

ZONE	주소	기상 관측 시작 연도	기상관측 종류	해발고도(m)
8b	울산광역시 남구 고사동	1997	방재관측	12.4
8b	울산광역시 동구 방어동	1997	방재관측	83
8a	울산광역시 북구 정자동	1999	방재관측	11
7b	울산광역시 울주군 삼면면 하잠리	2001	방재관측	60.7
8a	울산광역시 울주군 상북면 향산리	1997	방재관측	124.3
8b	울산광역시 울주군 서생면 대송리	1997	방재관측	24
8a	울산광역시 울주군 온산읍 이진리	2008	방재관측	59.4

| 8b | 울산광역시 중구 북정동 | 1985 | 지상관측 | 34.57 |

세종특별자치시

ZONE	주소	기상 관측 시작 연도	기상관측 종류	해발고도(m)
7a	세종특별자치시 금남면 성덕리	2005	방재관측	43.4
7a	세종특별자치시 연기면 세종리	2012	방재관측	33.1
7a	세종특별자치시 연서면 봉암리	1997	방재관측	28.1
6b	세종특별자치시 전의면 읍내리	1997	방재관측	80.4

경기도

ZONE	주소	기상 관측 시작 연도	기상관측 종류	해발고도(m)
6a	경기도 가평군 북면 목동리	1997	방재관측	106.6
6b	경기도 가평군 청평면 대성리	1997	방재관측	41.4
6a	경기도 가평군 하면 현리	1997	방재관측	168.5
7a	경기도 고양시덕양구 용두동	1997	방재관측	100
7a	경기도 고양시일산구 성석동	1997	방재관측	11.5
7a	경기도 과천시 과천동	1997	방재관측	44.4
6b	경기도 과천시 중앙동	1997	방재관측	622.4
7a	경기도 광주시 송정동	1997	방재관측	119
7a	경기도 구리시 토평동	1997	방재관측	66.1
7a	경기도 남양주시 퇴계원면 퇴계원리	1997	방재관측	38
6b	경기도 동두천시 생연동	1998	지상관측	109.06
7b	경기도 성남시중원구 여수동	1997	방재관측	28.7
7b	경기도 수원시 권선구 서둔동	1985	지상관측	34.06
7b	경기도 시흥시 군자동	1997	방재관측	23
8b	경기도 안산시 단원구 대부남동	2012	방재관측	38
7b	경기도 안산시 대부북동	1997	방재관측	32.8
6b	경기도 안산시 사동	1997	방재관측	5.6
7a	경기도 안성시 미양면 개정리	2005	방재관측	25
7a	경기도 안성시 석정동	1997	방재관측	45.2
6b	경기도 양주시 광적면 가납리	1997	방재관측	85.2
6b	경기도 양평군 양근리	1985	지상관측	47.98
6a	경기도 양평군 양동면 쌍학리	1997	방재관측	110
7a	경기도 양평군 양서면 양수리	1997	방재관측	48
6b	경기도 양평군 용문면 중원리	2001	방재관측	197.3
6a	경기도 양평군 청운면 용두리	1997	방재관측	126.8
6b	경기도 여주군 대신면 율촌리	1997	방재관측	51.3

6b	경기도 여주군 여주읍 점봉리	1997	방재관측	115.9
6a	경기도 연천군 백학면 두일리	2002	방재관측	38
5b	경기도 연천군 신서면 도신리	1997	방재관측	82.2
6b	경기도 연천군 중면 삼곶리	2001	방재관측	54.7
7a	경기도 연천군 청산면 장탄리	1997	방재관측	120.2
7a	경기도 오산시 외삼미동	1998	방재관측	40.2
6b	경기도 용인시 백암면 백암리	1998	방재관측	112
6a	경기도 용인시 이동면 송전리	2002	방재관측	143.8
7a	경기도 용인시 포곡면 둔전리	1998	방재관측	84.4
7a	경기도 의정부시 용현동	1998	방재관측	72
7a	경기도 이천시 신하리	1985	지상관측	78.01
7a	경기도 이천시 장호원읍 진암리	1998	방재관측	87.3
6b	경기도 파주시 아동동	1998	방재관측	56
6b	경기도 파주시 운천리	2002	지상관측	29.42
6b	경기도 파주시 장단면 도라산리	1997	방재관측	17.3
6b	경기도 파주시 적성면 구읍리	1997	방재관측	70.3
7a	경기도 평택시 비전동	1997	방재관측	36.5
6a	경기도 포천시 소흘읍 직동리	1997	방재관측	101.5
6b	경기도 포천시 이동면 장암리	1997	방재관측	59
6a	경기도 포천시 일동면 기산리	1997	방재관측	171.7
6b	경기도 포천시 자작동	1997	방재관측	102.1
6a	경기도 포천시 창수면 고소성리	1997	방재관측	80
7b	경기도 화성시 남양동	1997	방재관측	54.6
8a	경기도 화성시 백미리	2012	방재관측	70
7a	경기도 화성시 서신면 전곡리	1997	방재관측	8
7a	경기도 화성시 우정읍 조암리	1997	방재관측	18

강원도

ZONE	주소	기상 관측 시작 연도	기상관측 종류	해발고도(m)
7b	강원도 강릉시 강문동	1997	방재관측	3.3
7b	강원도 강릉시 방동리	2008	지상관측	78.9
7b	강원도 강릉시 연곡면 송림리	1997	방재관측	10
8a	강원도 강릉시 옥계면 현내리	1997	방재관측	15.1
5b	강원도 강릉시 왕산면 송현리	2002	방재관측	658.2
8a	강원도 강릉시 용강동	1985	지상관측	26.04
8a	강원도 강릉시 주문진읍 주문리	1997	방재관측	10
7b	강원도 고성군 간성읍 신안리	1997	방재관측	5.3
6b	강원도 고성군 간성읍 흘리	1997	방재관측	596.3

8a	강원도 고성군 봉포리	1985	지상관측	18.06
6a	강원도 고성군 토성면 원암리	1997	방재관측	770.5
7b	강원도 고성군 현내면 대진리	1997	방재관측	30.3
7b	강원도 고성군 현내면 명파리	1999	방재관측	5
8a	강원도 동해시 용정동	1992	지상관측	39.91
8a	강원도 삼척시 교동	2003	방재관측	67.6
8a	강원도 삼척시 근덕면 궁촌리	2005	방재관측	70.7
6b	강원도 삼척시 도계읍 황조리	2010	방재관측	814.2
7b	강원도 삼척시 신기면 신기리	2002	방재관측	81.8
8a	강원도 삼척시 원덕읍 산양리	1997	방재관측	36
6a	강원도 삼척시 하장면 광동리	1997	방재관측	653.8
7b	강원도 속초시 설악동	1997	방재관측	189.5
8a	강원도 속초시 조양동	2006	방재관측	3
6a	강원도 양구군 방산면 현리	1997	방재관측	262.2
6a	강원도 양구군 양구읍 정림리	1997	방재관측	188.9
5b	강원도 양구군 해안면 현리	1997	방재관측	448
7b	강원도 양양군 강현면 장산리	1997	방재관측	13.4
7b	강원도 양양군 서면 영덕리	1997	방재관측	146.1
7a	강원도 양양군 서면 오색리	1997	방재관측	337.4
8a	강원도 양양군 양양읍 송암리	2006	방재관측	4.3
6b	강원도 영월군 상동읍 내덕리	1997	방재관측	420
6b	강원도 영월군 주천면 주천리	1997	방재관측	283
6b	강원도 영월군 하송리	1995	지상관측	240.6
7a	강원도 원주시 명륜동	1985	지상관측	148.64
5b	강원도 원주시 문막읍 취병리	2003	방재관측	85
6b	강원도 원주시 부론면 흥호리	1997	방재관측	52
6a	강원도 원주시 소초면 학곡리	1997	방재관측	268.5
6a	강원도 원주시 신림면 신림리	1997	방재관측	352
7b	강원도 원주시 판부면 서곡리	2002	방재관측	518
6a	강원도 인제군 기린면 현리	1997	방재관측	336.5
6b	강원도 인제군 남면 신남리	1997	방재관측	236.4
6b	강원도 인제군 남북리	1985	지상관측	200.16
5b	강원도 인제군 북면 용대리	2001	방재관측	1262.6
6b	강원도 인제군 북면 원통리	2001	방재관측	253.7
6a	강원도 인제군 서화면 천도리	1997	방재관측	311
6b	강원도 정선군 북실리	2010	지상관측	307.4
6b	강원도 정선군 북평면 장열리	1997	방재관측	436
7a	강원도 정선군 사북리	2010	방재관측	821
6b	강원도 정선군 신동읍 예미리	1997	방재관측	392

6a	강원도 정선군 임계면 봉산리	1997	방재관측	488
6a	강원도 철원군 군탄리	1988	지상관측	153.7
5b	강원도 철원군 근남면 마현리	2001	방재관측	291.4
6a	강원도 철원군 김화읍 학사리	1997	방재관측	246
5b	강원도 철원군 동송읍 양지리	1998	방재관측	200
6a	강원도 철원군 원동면	2002	방재관측	210.8
5b	강원도 철원군 임남면	2002	방재관측	1062
6a	강원도 철원군 철원읍 외촌리	1998	방재관측	201.6
6b	강원도 철원군 철원읍 화지리	2002	방재관측	206.7
5b	강원도 춘천시 남산면 방하리	2011	방재관측	55
6a	강원도 춘천시 남산면 창촌리	1997	방재관측	93.6
6a	강원도 춘천시 북산면 오항리	1997	방재관측	240.6
6a	강원도 춘천시 용산리	2012	방재관측	852.2
6b	강원도 춘천시 우두동	1985	지상관측	77.71
6b	강원도 춘천시 유포리	2013	방재관측	142
6b	강원도 태백시 황지동	1985	지상관측	712.82
7a	강원도 평창군 대관령면 용산리	2001	방재관측	770
5b	강원도 평창군 대화면 대화리	1997	방재관측	445.6
5b	강원도 평창군 봉평면 면온리	1999	방재관측	567
5b	강원도 평창군 봉평면 창동리	1997	방재관측	570.4
5b	강원도 평창군 진부면	1997	방재관측	540.7
6b	강원도 평창군 평창읍 여만리	1997	방재관측	303.2
6a	강원도 평창군 횡계리	1985	지상관측	772.57
6a	강원도 홍천군 내면 명개리	2002	방재관측	1015.1
5b	강원도 홍천군 내면 창촌리	1997	방재관측	599.5
6a	강원도 홍천군 두촌면 자은리	1997	방재관측	220.5
6a	강원도 홍천군 서면 반곡리	1997	방재관측	92.6
5b	강원도 홍천군 서석면 풍암리	1997	방재관측	312.9
6a	강원도 홍천군 연봉리	1985	지상관측	140.92
5b	강원도 화천군 사내면 광덕리	2003	방재관측	1050.1
6a	강원도 화천군 사내면 사창리	1997	방재관측	302
6a	강원도 화천군 상서면 산양리	2001	방재관측	263.8
6a	강원도 화천군 하남면 위라리	1997	방재관측	113
6a	강원도 화천군 화천읍 동촌리	2002	방재관측	224.4
5b	강원도 횡성군 안흥면 안흥리	1997	방재관측	430.7
6a	강원도 횡성군 청일면 유동리	1997	방재관측	222
6b	강원도 횡성군 횡성읍 읍하리	1997	방재관측	110.5

충청남도

ZONE	주소	기상 관측 시작 연도	기상관측 종류	해발고도(m)
7a	충청남도 계룡시 남선면 부남리	2005	방재관측	132
6b	충청남도 계룡시 남선면 부남리	1999	방재관측	831.7
7a	충청남도 공주시 웅진동	1997	방재관측	50
7a	충청남도 공주시 유구읍 석남리	1997	방재관측	71.5
7a	충청남도 공주시 정안면 평정리	1997	방재관측	61.3
7a	충청남도 금산군 아인리	1985	지상관측	170.35
7a	충청남도 논산시 광석면 이사리	1997	방재관측	5.9
7a	충청남도 논산시 연무읍 안심리	1997	방재관측	56.4
7b	충청남도 당진시 채운동	1997	방재관측	50
8a	충청남도 보령시 신흑동	1999	방재관측	42.3
8a	충청남도 보령시 오천면 삽시도리	1997	방재관측	22.6
9a	충청남도 보령시 오천면 외연도리	2001	방재관측	20.5
7b	충청남도 보령시 요암동	1985	지상관측	15.49
7a	충청남도 부여군 가탑리	1985	지상관측	11.33
7a	충청남도 부여군 양화면	1997	방재관측	10
8a	충청남도 서산시 대산읍 대죽리	1997	방재관측	16
7b	충청남도 서산시 수석동	1985	지상관측	28.91
7a	충청남도 서천군 마서면 계동리	1997	방재관측	8
7b	충청남도 서천군 서면 신합리	1997	방재관측	21.3
7b	충청남도 아산시 인주면 대음리	1997	방재관측	27.5
7a	충청남도 예산군 덕산면 대치리	2002	방재관측	674.9
7a	충청남도 예산군 봉산면 고도리	1997	방재관측	43.6
7a	충청남도 예산군 신암면 종경리	1997	방재관측	38.7
7a	충청남도 천안시 성거읍 신월리	1997	방재관측	41.4
7a	충청남도 천안시동남구 신방동	1985	지상관측	21.3
7a	충청남도 청양군 정산면 학암리	2002	방재관측	21.9
7a	충청남도 청양군 청양읍 정좌리	1997	방재관측	98.1
7b	충청남도 태안군 근흥면 가의도리	1997	방재관측	103.6
8b	충청남도 태안군 근흥면 가의도리	2001	방재관측	58.9
8b	충청남도 태안군 근흥면 신진도리	1997	방재관측	8
8a	충청남도 태안군 소원면 모항리	1999	방재관측	69.6
8b	충청남도 태안군 원북면 방갈리	2001	방재관측	26.5
8a	충청남도 태안군 이원면 포지리	1997	방재관측	23.6
7a	충청남도 태안군 태안읍 남문리	1997	방재관측	40.9
7b	충청남도 홍성군 서부면 이호리	1997	방재관측	22.6
7b	충청남도 홍성군 홍성읍 옥암리	1997	방재관측	49.3

186

충청북도

ZONE	주소	기상 관측 시작 연도	기상관측 종류	해발고도(m)
6b	충청북도 괴산군 괴산읍 서부리	1997	방재관측	127
6b	충청북도 괴산군 청천면 송면리	1997	방재관측	225.1
7a	충청북도 단양군 단양읍 별곡리	1997	방재관측	184.2
6b	충청북도 단양군 영춘면 상리	1997	방재관측	183.3
6b	충청북도 보은군 내속리면 상판리	1997	방재관측	324.9
7a	충청북도 보은군 성주리	1985	지상관측	174.99
7b	충청북도 영동군 관리	1985	지상관측	244.73
7a	충청북도 영동군 양산면 가곡리	1997	방재관측	120.5
7a	충청북도 영동군 영동읍 부용	1997	방재관측	137.1
7a	충청북도 옥천군 옥천읍 매화리	1997	방재관측	117.8
6b	충청북도 옥천군 청산면 지전리	1998	방재관측	51.9
7a	충청북도 음성군 금왕읍 용계리	1997	방재관측	132
6b	충청북도 음성군 음성읍 평곡리	1997	방재관측	161
6b	충청북도 제천시 덕산면 도전리	1997	방재관측	282
6a	충청북도 제천시 백운면 평동리	2001	방재관측	230
6a	충청북도 제천시 신월동	1985	지상관측	263.61
7a	충청북도 제천시 청풍면 물태리	1997	방재관측	185.7
7a	충청북도 제천시 한수면 탄지리	2001	방재관측	141
7a	충청북도 증평군 증평읍 연탄리	1997	방재관측	74.7
7a	충청북도 진천군 진천읍	1997	방재관측	90.5
7a	충청북도 청원군 문의면 미천리	1997	방재관측	113
7b	충청북도 청원군 미원리	2012	방재관측	92
6b	충청북도 청원군 미원면 미원리	1997	방재관측	244
6b	충청북도 청원군 오창면 송대리	2002	방재관측	66
8a	충청북도 청주시 청원군 오창읍	2013	방재관측	66
7a	충청북도 청주시상당구 명암동	2001	방재관측	127.5
7b	충청북도 청주시흥덕구 복대동	1985	지상관측	57.16
6b	충청북도 충주시 노은면 신효리	1997	방재관측	116.6
6b	충청북도 충주시 수안보면 안보리	1997	방재관측	232.1
7a	충청북도 충주시 안림동	1985	지상관측	115.12
6b	충청북도 충주시 엄정면 율능리	1997	방재관측	77.6

전라남도

ZONE	주소	기상 관측 시작 연도	기상관측 종류	해발고도(m)
8a	전라남도 강진군 남포리	2009	지상관측	12.5
8a	전라남도 강진군 성전면 송월리	1997	방재관측	20.1
8b	전라남도 고흥군 도양읍 봉암리	1997	방재관측	10.4
8a	전라남도 고흥군 도화면 구암리	1997	방재관측	140.2
8b	전라남도 고흥군 봉래면 외초리	1998	방재관측	126.8
8b	전라남도 고흥군 영남면 양사리	1997	방재관측	14.5
8a	전라남도 고흥군 행정리	1985	지상관측	53.12
7b	전라남도 곡성군 곡성읍 학정리	1997	방재관측	10
8a	전라남도 곡성군 옥과면 리문리	1999	방재관측	120.5
8b	전라남도 광양시 광양읍 칠성리	1997	방재관측	19
6b	전라남도 광양시 옥룡면 동곡리	2002	방재관측	898.3
8b	전라남도 광양시 중동	2011	지상관측	80.9
8a	전라남도 구례군 구례읍 봉서리	1997	방재관측	32.3
7a	전라남도 구례군 산동면 좌사리	2001	방재관측	1088.9
8a	전라남도 구례군 토지면 내동리	1998	방재관측	413.3
7b	전라남도 나주시 금천면 원곡리	1997	방재관측	14.7
7b	전라남도 나주시 다도면 신동리	1997	방재관측	80.6
7b	전라남도 담양군 담양읍 천변리	1997	방재관측	35.3
8b	전라남도 목포시 연산동	1985	지상관측	38
7b	전라남도 무안군 몽탄면 사천리	1997	방재관측	17.8
8a	전라남도 무안군 무안읍 교촌리	2000	방재관측	35
8b	전라남도 무안군 운남면 연리	1997	방재관측	26.3
8b	전라남도 무안군 해제면 광산리	2001	방재관측	25.1
8b	전라남도 보성군 벌교읍	1997	방재관측	5
7b	전라남도 보성군 보성읍 옥평리	1997	방재관측	146.3
7b	전라남도 보성군 복내면 복내리	1997	방재관측	129.6
8b	전라남도 보성군 예당리	2010	지상관측	2.8
8b	전라남도 순천시 장천동	1997	방재관측	28.1
8a	전라남도 순천시 평중리	2011	지상관측	165
8a	전라남도 순천시 황전면 괴목리	1999	방재관측	79.6
9a	전라남도 신안군 비금면 지당리	1997	방재관측	10
9a	전라남도 신안군 안좌면 읍동리	1997	방재관측	33.1
8b	전라남도 신안군 압해면 신용리	1998	방재관측	12
9a	전라남도 신안군 예리	1997	지상관측	76.49
9a	전라남도 신안군 임자면 진리	2001	방재관측	6
9a	전라남도 신안군 자은면 구영리	1997	방재관측	18.4
9a	전라남도 신안군 장산면 오음리	2001	방재관측	18.9

8b	전라남도 신안군 지도읍 읍내리	1997	방재관측	22.3
9a	전라남도 신안군 하의면 웅곡리	1997	방재관측	11.3
9b	전라남도 신안군 흑산면 가거도리	2001	방재관측	22
9b	전라남도 신안군 흑산면 태도리	1999	방재관측	35.6
9b	전라남도 신안군 흑산면 홍도리	1999	방재관측	22
9a	전라남도 여수시 남면 연도리	2001	방재관측	5.1
8b	전라남도 여수시 돌산읍 신복리	1997	방재관측	8
9a	전라남도 여수시 삼산면 거문리	1997	방재관측	9.2
10a	전라남도 여수시 삼산면 손죽리	2014	방재관측	38.5
9a	전라남도 여수시 삼산면 초도리	1999	방재관측	38
8b	전라남도 여수시 월내동	1997	방재관측	67.5
8b	전라남도 여수시 중앙동	1985	지상관측	64.64
8b	전라남도 여수시 화양면 안포리	1997	방재관측	34.9
9a	전라남도 영광군 낙월면 상낙월리	1999	방재관측	12
7b	전라남도 영광군 만곡리	2008	지상관측	37.2
8a	전라남도 영광군 염산면 봉남리	1997	방재관측	15.2
8a	전라남도 영암군 미암면 춘동리	1997	방재관측	16.9
8a	전라남도 영암군 시종면 내동리	1997	방재관측	17.4
8a	전라남도 영암군 영암읍 동무리	1997	방재관측	26.4
9a	전라남도 완도군 금일읍 신구리	1997	방재관측	10.3
9a	전라남도 완도군 보길면 부황리	1997	방재관측	9.3
9a	전라남도 완도군 불목리	1985	지상관측	35.24
9a	전라남도 완도군 신지면 월양리	2001	방재관측	21
9a	전라남도 완도군 완도읍 중도리	2002	방재관측	4.4
9a	전라남도 완도군 청산면 도청리	1997	방재관측	26
7a	전라남도 완도군 청산면 여서리	2001	방재관측	35.4
8a	전라남도 장성군 삼서면 학성리	2007	방재관측	107.7
7b	전라남도 장성군 황룡면 와룡리	1997	방재관측	38.2
7b	전라남도 장흥군 대덕읍 신월리	1997	방재관측	235.7
7b	전라남도 장흥군 유치면 관동리	1997	방재관측	94
8a	전라남도 장흥군 축내리	1985	지상관측	45.02
8b	전라남도 진도군 고군면 오산리	1997	방재관측	43.2
9a	전라남도 진도군 남동리	2014	지상관측	5.4
9a	전라남도 진도군 사천리	2002	지상관측	476.47
8b	전라남도 진도군 의신면 연주리	1997	방재관측	20.3
9b	전라남도 진도군 조도면 서거차도리	2003	방재관측	4
9a	전라남도 진도군 조도면 창유리	1997	방재관측	24.1
9a	전라남도 진도군 지산면 인지리	2002	방재관측	37.5
7b	전라남도 함평군 월야면 월야리	1997	방재관측	51.7

8a	전라남도 함평군 함평읍 기각리	1997	방재관측	11
8a	전라남도 해남군 남천리	1985	지상관측	13.01
8b	전라남도 해남군 북일면 신월리	1997	방재관측	21.1
8b	전라남도 해남군 송지면 산정리	1997	방재관측	14.5
8a	전라남도 해남군 현산면 일평리	1997	방재관측	22.6
8a	전라남도 해남군 화원면 청용리	1997	방재관측	15.3
7b	전라남도 화순군 북면 옥리	1997	방재관측	190.4
7b	전라남도 화순군 이양면 오류리	1997	방재관측	84
7b	전라남도 화순군 화순읍 삼천리	1997	방재관측	78

전라북도

ZONE	주소	기상 관측 시작 연도	기상관측 종류	해발고도(m)
8a	전라북도 고창군 덕산리	2007	지상관측	54
7b	전라북도 고창군 매산리	2010	지상관측	52
7b	전라북도 고창군 상하면 장산리	2009	방재관측	10.8
8a	전라북도 고창군 심원면 도천리	1997	방재관측	18.3
8a	전라북도 군산시 금동	1985	지상관측	23.2
8a	전라북도 군산시 내초동	2011	방재관측	10
8b	전라북도 군산시 옥도면 말도리	2001	방재관측	48.
8a	전라북도 군산시 옥도면 비안도리	2008	방재관측	9.6
8b	전라북도 군산시 옥도면 어청도리	1997	방재관측	52.3
8b	전라북도 군산시 옥도면 장자도리	1997	방재관측	11.5
7b	전라북도 김제시 서암동	1997	방재관측	26.8
7b	전라북도 김제시 진봉면 고사리	1997	방재관측	14
7a	전라북도 남원시 도통동	1985	방재관측	127.48
7a	전라북도 남원시 산내면 부운리	1997	방재관측	480.6
7a	전라북도 무주군 무주읍 당산리	1997	방재관측	205.8
7a	전라북도 무주군 설천면 삼공리	1997	방재관측	599.3
6a	전라북도 무주군 설천면 심곡리	2001	방재관측	1518.3
8a	전라북도 부안군 변산면 격포리	1997	방재관측	11.2
7b	전라북도 부안군 역리	1985	지상관측	11.96
8b	전라북도 부안군 위도면 진리	2011	방재관측	16.8
7a	전라북도 부안군 줄포면 장동리	1997	방재관측	9.7
7b	전라북도 순창군 교성리	2008	지상관측	127
7a	전라북도 순창군 반월리	2010	방재관측	100
7a	전라북도 순창군 복흥면 정산리	1997	방재관측	314
7b	전라북도 완주군 구이면 원기리	2001	방재관측	101.3
7b	전라북도 완주군 용진면 운곡리	1997	방재관측	60.8

7b	전라북도 익산시 신흥동	1997	방재관측	14.5
7b	전라북도 익산시 여산면	1997	방재관측	35.9
7b	전라북도 익산시 함라면 신등리	1997	방재관측	15.9
7b	전라북도 임실군 강진면 용수리	1997	방재관측	232.3
6b	전라북도 임실군 신덕면 수천리	1997	방재관측	235.3
6b	전라북도 임실군 이도리	1985	지상관측	247.87
6b	전라북도 장수군 선창리	1988	지상관측	406.49
7b	전라북도 전주시완산구 남노송동	1985	지상관측	53.4
7b	전라북도 정읍시 내장동	1999	방재관측	107.8
7b	전라북도 정읍시 상동	1985	지상관측	44.58
7a	전라북도 정읍시 태인면 태창리	1997	방재관측	20.4
6b	전라북도 진안군 동향면 대량리	1997	방재관측	320.2
7a	전라북도 진안군 주천면 신양리	1997	방재관측	259
6b	전라북도 진안군 진안읍 반월리	1997	방재관측	288.9

경상남도

ZONE	주소	기상 관측 시작 연도	기상관측 종류	해발고도(m)
8b	경상남도 거제시 남부면 저구리	1997	방재관측	11.2
9a	경상남도 거제시 능포동	2001	방재관측	54.7
8a	경상남도 거제시 일운면 지세포리	1997	방재관측	111.5
8b	경상남도 거제시 장목면 장목리	2003	방재관측	26
7a	경상남도 거창군 북상면 갈계리	1997	방재관측	327.4
7b	경상남도 거창군 정장리	1985	지상관측	225.95
7b	경상남도 고성군 개천면 명성리	1997	방재관측	74.1
8a	경상남도 고성군 고성읍 죽계리	1997	방재관측	11
8a	경상남도 김해시 부원동	2008	지상관측	59.34
7b	경상남도 김해시 생림면 봉림리	1997	방재관측	29.1
7b	경상남도 김해시 진영읍 우동리	2009	방재관측	20.6
8b	경상남도 남해군 다정리	1985	지상관측	44.95
8b	경상남도 남해군 상주면 상주리	1997	방재관측	22.1
7b	경상남도 밀양시 내이동	1985	지상관측	11.21
7b	경상남도 밀양시 산내면 송백리	1997	방재관측	125.5
8b	경상남도 사천시 대방동	1997	방재관측	23.2
7b	경상남도 사천시 용현면 신복리	1997	방재관측	23.5
8a	경상남도 산청군 단성면 강누리	1997	방재관측	56.2
7b	경상남도 산청군 삼장면 대포리	1999	방재관측	134.5
8a	경상남도 산청군 시천면 중산리	2001	방재관측	353.5
7b	경상남도 산청군 시천면 중산리	2002	방재관측	864.7

8a	경상남도 산청군 지리	1985	지상관측	138.07
8b	경상남도 양산시 금산리	2009	지상관측	14.85
8a	경상남도 양산시 남부동	1997	방재관측	40.6
8a	경상남도 양산시 웅상읍 삼호리	1997	방재관측	100
8a	경상남도 양산시 원동면 원리	1997	방재관측	19.6
7b	경상남도 의령군 무전리	2010	지상관측	14.18
7b	경상남도 의령군 칠곡면 신포리	1997	방재관측	61.9
8a	경상남도 진주시 대곡면	2013	방재관측	22
7b	경상남도 진주시 수곡면 대천리	1997	방재관측	72.5
7b	경상남도 진주시 평거동	1985	지상관측	30.21
8a	경상남도 창녕군 길곡면 증산리	1997	방재관측	23.5
7b	경상남도 창녕군 대지면 효정리	1997	방재관측	24.3
7b	경상남도 창녕군 도천면 우강리	1997	방재관측	13.7
8a	경상남도 창원시 마산합포구 진북면	1997	방재관측	25.6
8a	경상남도 창원시 성산구 내동	2009	지상관측	46.77
8a	경상남도 창원시 진해구 웅천동	1997	방재관측	16.3
8b	경상남도 창원시마산합포구 가포동	1985	지상관측	37.15
8b	경상남도 통영시 사량면 금평리	1997	방재관측	15.2
9a	경상남도 통영시 욕지면 동항리	1997	방재관측	80
8b	경상남도 통영시 장평리	1985	지상관측	46.27
8b	경상남도 통영시 정량동	1985	지상관측	32.67
9a	경상남도 통영시 한산면 매죽리	2005	방재관측	43.9
8a	경상남도 하동군 금남면 덕천리	1997	방재관측	11.3
8a	경상남도 하동군 하동읍 읍내리	1997	방재관측	21.6
8a	경상남도 하동군 화개면	1997	방재관측	27.9
7b	경상남도 함안군 가야읍 산서리	1997	방재관측	8.9
7b	경상남도 함양군 서하면 송계리	1997	방재관측	366.1
7b	경상남도 함양군 용평리	2010	지상관측	151.2
8a	경상남도 함양군 함양읍 백천리	1997	방재관측	139.4
7a	경상남도 합천군 가야면 치인리	2001	방재관측	595.7
7b	경상남도 합천군 대병면 회양리	1997	방재관측	248
7b	경상남도 합천군 삼가면 두모리	1997	방재관측	98.7
7a	경상남도 합천군 청덕면 가현리	1997	방재관측	22.2
7b	경상남도 합천군 합천리	1985	지상관측	33.1

경상북도

ZONE	주소	기상 관측 시작 연도	기상관측 종류	해발고도(m)
8a	경상북도 경산시 중방동	1997	방재관측	77.1
7b	경상북도 경산시 하양읍 금락리	1997	방재관측	67.8
8a	경상북도 경주시 감포읍 나정리	1997	방재관측	25.2
7b	경상북도 경주시 산내면 내일리	1997	방재관측	211.9
7b	경상북도 경주시 양북면 장항리	2002	방재관측	341.4
8a	경상북도 경주시 외동읍 입실리	1997	방재관측	107.7
7b	경상북도 경주시 탑동	2010	지상관측	37.64
8a	경상북도 경주시 황성동	1997	방재관측	33.6
7b	경상북도 고령군 고령읍 내곡리	1997	방재관측	41.5
7b	경상북도 구미시 남통동	1985	지상관측	48.8
7b	경상북도 구미시 선산읍 이문리	1997	방재관측	38.4
7a	경상북도 군위군 군위읍 내량리	1997	방재관측	82.4
6b	경상북도 군위군 소보면 위성리	1997	방재관측	68.3
6b	경상북도 군위군 의흥면 수서리	1997	방재관측	128.7
7b	경상북도 김천시 구성면 하강리	1997	방재관측	83.3
8a	경상북도 김천시 대덕면 관기리	1997	방재관측	19.9
7a	경상북도 문경시 농암면 농암리	1997	방재관측	188.6
7a	경상북도 문경시 동로면 생달리	1997	방재관측	307.9
7a	경상북도 문경시 마성면 외어리	1997	방재관측	181.2
7b	경상북도 문경시 유곡동	1985	지상관측	170.61
6b	경상북도 봉화군 봉화읍 거촌리	1997	방재관측	301.5
6b	경상북도 봉화군 석포면 대현리	1997	방재관측	495.8
6b	경상북도 봉화군 의양리	1988	지상관측	319.85
7b	경상북도 상주시 공성면 장동리	1997	방재관측	94
7b	경상북도 상주시 낙양동	2002	지상관측	96.17
7a	경상북도 상주시 화서면 달천리	1997	방재관측	300
7b	경상북도 성주군 성주읍 삼산리	1997	방재관측	48.3
7a	경상북도 안동시 길안면 천지리	1997	방재관측	137.2
6b	경상북도 안동시 예안면 정산리	1997	방재관측	207
7a	경상북도 안동시 운안동	1985	지상관측	140.1
7a	경상북도 안동시 풍천면 하회리	1997	방재관측	92.9
8a	경상북도 영덕군 성내리	1985	지상관측	42.12
7b	경상북도 영덕군 영덕읍 구미리	1997	방재관측	23
6b	경상북도 영양군 수비면 발리리	1997	방재관측	415
6b	경상북도 영양군 영양읍 서부리	1997	방재관측	248.4
7a	경상북도 영주시 부석면 소천리	1997	방재관측	294.4
7a	경상북도 영주시 성내리	1985	지상관측	210.79

6b	경상북도 영주시 이산면 원리	1997	방재관측	188.8
7b	경상북도 영천시 망정동	1985	지상관측	93.6
7b	경상북도 영천시 신녕면 화성리	1997	방재관측	126.2
7b	경상북도 영천시 화북면 오산리	1997	방재관측	134.4
7a	경상북도 예천군 예천읍 동본리	1997	방재관측	100.9
7b	경상북도 예천군 풍양면 낙상리	1997	방재관측	82.6
8b	경상북도 울릉군 도동리	1985	지상관측	222.8
9a	경상북도 울릉군 북면 천부리	2001	방재관측	30.4
8b	경상북도 울릉군 서면 태하리	1997	방재관측	172.8
9a	경상북도 울릉군 울릉읍 독도리	2009	방재관측	96.2
7b	경상북도 울진군 북면 소곡리	1997	방재관측	75.2
7b	경상북도 울진군 서면 삼근리	1997	방재관측	226
8a	경상북도 울진군 연지리	1985	지상관측	50
7b	경상북도 울진군 온정면 소태리	1997	방재관측	144.4
8a	경상북도 울진군 죽변면 죽변리	1999	방재관측	41
8a	경상북도 울진군 후포면 금음리	1997	방재관측	59.2
7a	경상북도 의성군 안계면 용기리	1997	방재관측	61
6b	경상북도 의성군 원당리	1985	지상관측	81.81
7b	상북도 청도군 금천면	1998	방재관측	41.5
7b	경상북도 청도군 화양읍 송북리	1997	방재관측	76.3
7a	경상북도 청송군 부동면 상의리	2001	방재관측	261
6b	경상북도 청송군 청송읍	2010	지상관측	206.23
6b	경상북도 청송군 청송읍 송생리	1997	방재관측	208.7
7a	경상북도 청송군 현서면 덕계리	1997	방재관측	326
7b	경상북도 칠곡군 가산면 천평리	1997	방재관측	121.6
7a	경상북도 칠곡군 동명면 득명리	1999	방재관측	571.6
7b	경상북도 칠곡군 약목면 동안리	1997	방재관측	29.4
8a	경상북도 포항시남구 구룡포읍 병포리	1997	방재관측	42.4
8b	경상북도 포항시남구 대보면 대보리	1997	방재관측	9.4
8a	경상북도 포항시남구 송도동	1985	지상관측	2.28
8a	경상북도 포항시북구 기계면 현내리	1997	방재관측	53.6
7b	경상북도 포항시북구 죽장면 입암리	1997	방재관측	223.4
8a	경상북도 포항시북구 청하면 덕성리	1997	방재관측	59.9

제주특별자치도

ZONE	주소	기상 관측 시작 연도	기상관측 종류	해발고도(m)
9a	제주특별자치도 서귀포시 대포동	2001	방재관측	407.2
9b	제주특별자치도 서귀포시 남원읍 남원리	1997	방재관측	17.2
7b	제주특별자치도 서귀포시 남원읍 하례리	2002	방재관측	1489.4
9a	제주특별자치도 서귀포시 남원읍 한남리	1997	방재관측	246.3
9b	제주특별자치도 서귀포시 대정읍 가파리	2002	방재관측	12.2
9b	제주특별자치도 서귀포시 대정읍 가파리	2001	방재관측	25.5
9b	제주특별자치도 서귀포시 대정읍 하모리	1999	방재관측	11.4
9b	제주특별자치도 서귀포시 대포동	2013	방재관측	143
7b	제주특별자치도 서귀포시 법환동	2011	방재관측	177.6
9a	제주특별자치도 서귀포시 색달동	2001	방재관측	60.9
9b	제주특별자치도 서귀포시 서귀동	1985	지상관측	48.96
9b	제주특별자치도 서귀포시 신산리	1985	지상관측	17.75
9b	제주특별자치도 서귀포시 안덕면 서광리	1997	방재관측	143.5
9a	제주특별자치도 서귀포시 표선면 하천리	1999	방재관측	77.2
9b	제주특별자치도 제주시 건입동	1985	지상관측	20.45
9b	제주특별자치도 제주시 고산리	1988	지상관측	74.29
9a	제주특별자치도 제주시 구좌읍 세화리	1997	방재관측	18.4
8b	제주특별자치도 제주시 아라일동	2001	방재관측	374.7
7a	제주특별자치도 제주시 애월읍 광령리	2002	방재관측	1672.5
9a	제주특별자치도 제주시 애월읍 유수암리	1997	방재관측	422.9
9b	제주특별자치도 제주시 우도면 서광리	1997	방재관측	38.5
8a	제주특별자치도 제주시 조천읍 교래리	1998	방재관측	757.4
9a	제주특별자치도 제주시 조천읍 선흘리	1997	지상관측	340.6
9b	제주특별자치도 제주시 추자면 대서리	1997	지상관측	7.5
9b	제주특별자치도 제주시 한림읍 한림리	1997	방재관측	21.6
7b	제주특별자치도 제주시 해안동	1999	방재관측	968.3

❘ 대한민국 시 · 군별 역대 최저 온도

지명	역대 최저 온도 평균(℃)	1위 날짜	값	2위 날짜	값	3위 날짜	값	4위 날짜	값	5위 날짜	값
양평	-30.5	1981.01.05	-32.6	1981.01.06	-31	1981.01.04	-31	1981.01.03	-30.2	1981.01.07	-27.8
대관령	-27.4	1974.01.24	-28.9	1978.02.15	-27.6	1974.01.25	-27.1	2013.01.04	-26.8	1978.02.16	-26.7
원주	-26.9	1981.01.05	-27.6	1981.01.04	-27.4	1973.12.24	-26.8	1981.01.06	-26.7	1973.12.25	-26.1
제천	-26.8	1981.01.04	-27.4	1981.01.06	-27.2	1981.01.05	-27.2	2001.01.16	-26	1986.01.05	-26
철원	-27.4	2001.01.16	-29.2	2001.01.15	-27.8	2001.01.17	-26.9	2010.01.06	-26.8	2001.01.12	-26.3
충주	-27.3	1981.01.05	-28.5	1981.01.06	-27.9	1981.01.04	-27.9	1974.01.25	-26.2	1984.01.05	-26
홍천	-27.4	1981.01.05	-28.1	1981.01.04	-28	1981.01.06	-27.2	1974.01.24	-27	1986.01.05	-26.9
동두천	-24.3	2001.01.15	-26.2	2001.01.16	-25.4	2001.01.17	-23.4	2001.01.12	-23.4	2001.01.14	-23.1
보은	-24.9	1974.01.24	-25.4	1981.01.17	-25.3	1974.01.25	-25	1981.01.27	-24.8	1974.01.26	-24.2
봉화	-25.1	2012.02.03	-27.7	2013.01.04	-25	2010.01.06	-24.7	2010.01.07	-24.2	2013.01.05	-23.7
수원	-24.8	1969.02.06	-25.8	1981.01.05	-24.8	1981.01.04	-24.6	1973.12.24	-24.4	1969.02.02	-24.2
이천	-25.5	1981.01.05	-26.5	1981.01.04	-26	1981.01.06	-25.8	1973.12.25	-25.7	1981.01.27	-23.4
인제	-25.1	1981.01.06	-25.9	1981.01.04	-25.5	1981.01.05	-24.8	2001.01.16	-24.6	1984.02.03	-24.5
장수	-24.3	1991.02.23	-25.8	1994.01.24	-25.7	1991.02.24	-23.5	2013.01.04	-23.3	2005.12.18	-23.2
청주	-24.1	1969.02.06	-26.4	1967.01.04	-24.1	1967.01.16	-23.7	1971.01.05	-23.2	1974.01.25	-23
춘천	-25.6	1969.02.06	-27.9	1986.01.05	-25.6	1967.01.16	-25	1986.01.06	-24.8	1969.02.05	-24.8
파주	-24.5	2010.01.06	-25.9	2012.02.03	-24.6	2013.01.03	-24.5	2010.01.07	-23.8	2010.01.14	-23.7
강화	-21.9	1981.01.04	-22.5	2001.01.15	-22.1	1986.01.06	-22	2001.01.16	-21.4	1981.01.05	-21.3
구미	-21.8	1974.01.26	-24	1974.01.25	-22.7	1974.01.28	-21.4	1974.01.24	-21	1974.01.29	-19.9
금산	-21.4	1974.01.25	-22.2	2013.01.04	-22	2013.01.03	-21.1	1974.01.24	-21.1	1991.02.23	-20.7

지명	역대 최저 온도 평균(℃)	1위		2위		3위		4위		5위	
		날짜	값	날짜	값	날짜	값	날짜	값	날짜	값
부여	−21	1981.01.17	−22.1	1981.01.27	−22	1981.01.04	−20.7	1990.01.24	−20.4	1981.01.05	−20
서울	−22.4	1927.12.31	−23.1	1931.01.11	−22.5	1920.01.04	−22.3	1928.01.05	−22.2	1931.01.10	−21.9
영월	−22.9	2001.01.16	−23.5	2012.02.03	−23.1	2010.01.07	−22.7	2010.01.06	−22.7	2013.01.04	−22.6
영주	−21.8	1981.01.17	−23.8	1974.01.25	−21.6	1985.01.17	−21.4	1981.01.27	−21.2	1974.01.26	−21.1
의성	−22.5	1981.01.17	−23.3	2013.01.04	−23.2	1974.01.25	−22.5	2012.02.03	−22.1	1990.01.26	−21.5
인천	−20.7	1931.01.11	−21	1915.01.13	−20.9	1915.01.14	−20.6	1915.01.12	−20.6	1931.01.10	−20.4
임실	−23	1971.01.11	−24.4	1984.01.05	−23.4	1976.01.24	−23.2	1994.01.24	−22.1	1981.01.04	−22.1
정선	−20.8	2013.01.04	−22	2012.02.03	−21.3	2013.01.05	−20.3	2012.02.02	−20.3	2013.02.08	−20
천안	−22.4	2001.01.15	−23.9	2003.01.06	−23.8	2001.01.16	−22.1	1974.01.24	−21.4	1981.01.27	−20.9
태백	−20.7	2013.01.04	−21.7	1986.01.05	−20.8	2013.02.08	−20.3	2012.02.02	−20.3	2004.01.22	−20.2
강릉	−18.5	1915.01.13	−20.7	1931.01.11	−19.1	1931.01.10	−18.2	1915.01.14	−17.8	1917.01.08	−17
거창	−18.4	1994.01.24	−18.9	1974.01.26	−18.6	1974.01.25	−18.5	2013.01.04	−18.4	1974.01.28	−17.7
광주	−17.9	1943.01.05	−19.4	1943.01.12	−18.2	1940.02.03	−17.7	1945.01.16	−17.2	1940.01.27	−17
남원	−20	1994.01.24	−21.9	2001.01.15	−19.7	1997.01.07	−19.5	2001.01.16	−19.4	2005.12.18	−19.3
대구	−18.5	1923.01.19	−20.2	1923.01.18	−19.6	1915.01.13	−18.6	1953.01.19	−17.6	1936.02.05	−16.4
대전	−18.1	1969.02.06	−19	1974.01.24	−18.6	1970.01.05	−17.9	1973.12.24	−17.7	2001.01.15	−17.4
문경	−18.5	1974.01.26	−20	1974.01.25	−18.7	1974.01.28	−18.2	1981.01.17	−18	2001.01.15	−17.4
부안	−20.1	1981.01.27	−22.6	1976.12.29	−20.2	1976.01.23	−19.7	1999.12.21	−19.2	1978.02.02	−18.7
서산	−18.2	2001.01.17	−18.7	2001.01.16	−18.4	1981.01.17	−18.4	2003.01.06	−18.1	1994.01.24	−17.2
안동	−19.6	2013.01.04	−20.4	1974.01.25	−20.2	1974.01.26	−19.9	2013.01.05	−18.7	1974.01.28	−18.7

지명	역대최저온도평균(℃)	1위		2위		3위		4위		5위	
		날짜	값	날짜	값	날짜	값	날짜	값	날짜	값
영천	-19.6	1981.01.17	-20.5	1993.01.21	-18	1974.01.26	-17.6	1981.01.27	-17.3	1974.01.25	-17
정읍	-18.3	1974.02.26	-20	1971.01.06	-19.8	1971.01.05	-17.7	1970.02.10	-17.4	1976.01.23	-16.5
청송	-20	2012.02.03	-21.5	2013.01.04	-21.4	2013.01.05	-19.8	2013.01.11	-18.6	2013.01.10	-18.6
밀양	-15.7	2011.01.16	-15.8	1990.01.26	-15.8	1990.01.25	-15.6	1984.02.08	-15.6	1977.02.17	-15.6
백령도	-15.1	2004.01.21	-17.4	2004.01.22	-15.4	2006.02.03	-15.3	2004.01.20	-13.6	2001.01.15	-13.6
보령	-16.9	1990.01.26	-17.6	1980.01.18	-17.2	1995.01.30	-16.6	1990.01.25	-16.6	1978.02.03	-16.4
상주	-15.4	2011.01.16	-15.8	2012.02.02	-15.7	2013.01.03	-15.4	2013.02.08	-15	2012.02.03	-15
속초	-15.4	1981.02.26	-16.2	2004.01.22	-15.6	1970.01.05	-15.6	2003.01.29	-14.8	1977.02.16	-14.7
순창	-15.9	2013.01.04	-16.7	2009.01.15	-16	2009.01.24	-15.9	2013.01.05	-15.4	2011.01.13	-15.4
의령	-15	2011.01.16	-17.1	2011.01.17	-14.8	2013.01.04	-14.7	2012.02.03	-14.5	2011.01.31	-14.1
전주	-16.5	1933.01.27	-17.1	1961.02.01	-16.6	1936.01.17	-16.5	1936.01.18	-16.4	1945.01.28	-16.1
진주	-15.5	1984.01.20	-15.9	1997.01.07	-15.7	2011.01.16	-15.6	2001.01.16	-15.4	1985.01.15	-15.1
추풍령	-17.4	1970.01.05	-17.8	2001.01.15	-17.5	1967.01.16	-17.4	1985.01.15	-17.2	1973.12.24	-17.2
합천	-16.5	1974.01.25	-17.8	1991.02.23	-16.7	2011.01.16	-16.4	1990.01.26	-16.2	1985.01.30	-16.2
경주	-13.5	2011.01.16	-14.7	2012.02.02	-13.4	2011.01.15	-13.4	2013.02.08	-13.3	2011.01.17	-12.6
고창	-13.2	2011.01.02	-13.9	2012.01.26	-13.3	2011.01.31	-13.3	2015.01.03	-13	2013.01.11	-12.4
고흥	-12.7	1985.01.30	-14.4	1977.02.16	-12.7	1997.01.22	-12.3	1990.01.25	-12.2	1991.02.23	-12
군산	-14.3	2004.01.22	-14.7	2005.12.18	-14.5	1971.01.06	-14.5	1990.01.25	-13.9	1970.01.05	-13.7
동해	-13.6	2001.01.15	-14	2012.02.02	-13.7	2004.01.22	-13.7	2003.01.29	-13.6	2004.01.21	-13.1
목포	-13.3	1915.01.13	-14.2	1931.01.11	-14	1915.01.14	-13.1	1967.01.23	-12.8	1917.01.08	-12.6

지명	역대 최저 온도 평균(℃)	1위		2위		3위		4위		5위	
		날짜	값	날짜	값	날짜	값	날짜	값	날짜	값
부산	-13	1915. 01.13	-14	2011. 01.16	-12.8	1917. 01.08	-12.7	1915. 01.14	-12.7	1977. 02.16	-12.6
북강릉	-14.8	2011. 01.16	-16.2	2012. 02.02	-15.2	2011. 01.15	-14.6	2013. 02.08	-14.2	2012. 02.01	-13.7
산청	-14	1974. 01.28	-14.4	1994. 01.24	-14.1	1984. 01.29	-14	1991. 02.24	-13.7	1990. 01.27	-13.7
영광	-13.9	2011. 01.02	-14.5	2013. 01.04	-14.3	2013. 01.11	-14.1	2011. 01.17	-13.3	2013 01.05	-13.1
영덕	-14.1	2011. 01.16	-15.1	2001. 01.15	-14.2	1976. 12.27	-13.8	2012. 02.02	-13.7	1973. 12.24	-13.7
울산	-13.2	1967. 01.16	-14.3	2011. 01.16	-13.5	1970. 01.05	-12.9	1963. 01.22	-12.8	1960. 01.24	-12.6
울진	-13.9	1981. 02.26	-14.1	2011. 01.16	-14	1976. 12.27	-13.8	2012. 02.02	-13.7	1986. 01.05	-13.7
장흥	-13.7	1990. 01.25	-15.5	1977. 02.17	-13.4	1982. 01.17	-13.2	2011. 01.01	-13.1	1997. 01.22	-13.1
포항	-14.2	1970. 01.05	-14.4	1967. 01.16	-14.4	1953. 01.15	-14.4	1953. 01.14	-14.2	1963. 01.16	-13.5
함양	-13.4	2013. 01.11	-13.9	2013. 01.05	-13.6	2013. 01.04	-13.6	2011. 01.08	-13.1	2012. 01.26	-13
해남	-14.1	1977. 02.17	-14.5	1977. 01.04	-14.4	2003. 01.06	-14.1	2009. 01.24	-13.9	1990. 01.25	-13.7
강진	-10.6	2011. 01.02	-11.1	2013. 01.11	-10.7	2012. 01.26	-10.6	2011. 01.31	-10.6	2010. 12.31	-9.8
거제	-10.1	2011. 01.16	-10.4	2004. 01.22	-10.1	1977. 02.16	-10.1	2001. 01.16	-10	1985. 01.30	-10
김해	-11.2	2011. 01.16	-13.6	2013. 02.08	-12	2011. 01.15	-10.9	2009. 01.15	-9.9	2013. 01.04	-9.5
남해	-11.9	1976. 01.24	-12.8	1977. 01.31	-12.3	2005. 12.18	-11.6	1977. 02.17	-11.6	1990. 01.26	-11.3
보성	-9.48	2012. 01.26	-9.9	2013. 01.11	-9.8	2011. 01.16	-9.5	2011. 01.15	-9.1	2011. 01.14	-9.1
북창원	-11.6	2011. 01.16	-13.3	2011. 01.15	-11.8	2013. 02.08	-11.5	2012. 02.02	-10.8	2012. 02.03	-10.6
순천	-11.7	2013. 01.11	-12.9	2012. 01.26	-12.3	2013. 02.08	-11.3	2013. 01.05	-11.1	2012. 02.02	-11.1
양산	-10.1	2011. 01.16	-11.7	2013. 02.08	-10.2	2011. 01.15	-9.9	2012. 02.02	-9.6	2013. 01.04	-9.2
여수	-11.5	1977. 02.16	-12.6	1943. 01.12	-11.9	1959. 01.17	-11.4	1991 02.23	-10.9	1959. 01.05	-10.9

지명	역대 최저 온도 평균(℃)	1위		2위		3위		4위		5위	
		날짜	값	날짜	값	날짜	값	날짜	값	날짜	값
완도	-9.84	1977. 02.17	-10.7	1976. 12.27	-10.2	1977. 02.16	-10	1976. 01.24	-9.2	2005. 12.18	-9.1
울릉도	-12.1	1981. 02.26	-13.6	1957. 02.11	-12.1	1943. 01.12	-11.6	2003. 01.29	-11.5	1958. 01.16	-11.5
진도 (첨찰산)	-11.1	2006. 02.04	-11.4	2005. 12.18	-11.3	2012. 02.02	-10.9	2008. 01.17	-10.9	2013. 01.03	-10.8
창원	-11.3	2011. 01.16	-13.1	1991. 02.23	-11.3	2013. 02.08	-11	2011. 01.15	-10.5	2001. 01.15	-10.5
통영	-10.9	1977. 02.16	-11.6	1970. 01.05	-11.2	2011. 01.16	-10.7	2001. 01.15	-10.7	1985. 01.30	-10.3
광양	-8.64	2012. 02.02	-9.6	2013. 02.08	-9	2012. 02.03	-8.9	2013. 02.07	-8.2	2013. 01.03	-7.5
대구(기)	-7.88	2014. 12.19	-8.6	2014. 12.17	-7.8	2014. 01.19	-7.7	2014. 01.14	-7.7	2014. 01.10	-7.6
고산	-4	2004. 01.22	-4.5	2004. 01.21	-4.4	2004. 01.24	-3.9	2011. 01.16	-3.6	2009. 01.24	-3.6
서귀포	-5.78	1977. 02.16	-6.3	1970. 01.05	-6.1	1977. 02.15	-5.9	1967. 01.15	-5.4	1967. 01.16	-5.2
성산	-6.44	1990. 01.23	-7	1990. 01.26	-6.6	1977. 02.16	-6.4	1990. 01.24	-6.1	1983. 02.14	-6.1
제주	-5.54	1977. 02.16	-6	1977. 02.15	-5.9	1931. 01.10	-5.7	1981. 02.26	-5.1	1936. 01.17	-5
진도	-4.58	2014. 12.19	-5.5	2014. 12.27	-4.8	2015. 01.13	-4.7	2015. 01.12	-4	2014. 12.18	-3.9
흑산도	-5.9	2004. 01.21	-6.3	2006. 02.03	-5.9	2001. 01.14	-5.9	2011. 01.15	-5.7	2004. 01.22	-5.7

(출처 : 기상청_http://www.kma.go.kr/)

영국 왕립원예학회의 식물 내한성 구역 정의

해외에서 들어오는 식물의 정보를 얻기 위해 자료를 찾아보면 영국 왕립원예협회Royal Horticultural Society(RHS)에서 기준을 마련한 내한성 구역에 대한 자료를 볼 수 있다. RHS 내한성 구역 등급은 USDA 내한성 구역 등급과 달리 H1a에서 H7까지 나누었다. 아래는 RHS 내한성 구역 등급과 USDA 내한성 구역 등급을 비교한 표다.

등급	온도범위	카테고리	정의	USDA 내한성 구역
H1a	15℃↑	가온온실 – 열대지방	일년 내내 가온이 되는 온실 환경 혹은 그와 비슷한 온도를 말한다.	13
H1b	10~15℃	가온온실 – 아열대 지방	이 구역의 식물들은 여름에는 밖에서 성장할 수 있지만(예를 들면 도시 중심부 지역) 일반적으로 유리 온실 안에서 성장하는 것이 더 좋다.	12
H1c	5~10℃	가온온실 – 온대 지방	영국의 낮 온도로 충분히 성장할 수 있는 식물들이다. (화단용 식물이나 토마토, 오이 같은 채소)	11
H2	1~5℃	온순한 날씨 – 선선하면서 서리가 내리지 않는 온실	낮은 온도까지는 버티지만 영하로 내려가면 동해 피해를 받는다. 서리가 없는 지역이나 해안가를 제외하고는 온실에서 키워야 한다. (대부분의 다육 식물, 아열대 식물, 일년초)	10b
H3	-5~1℃	반 내한성 – 비가온 온실 / 포근한 겨울	혹독한 겨울과 서리에 노출된 장소를 제외한 영국의 해안가와 비교적 온화한 지역에서 성장이 가능한 식물이다. 특히 눈이 쌓이거나 포트에서 성장하는 식물은 손상을 받을 가능성이 있으며 추운 겨울에는 동사할 수 있다. 다만 월동 처리를 해주면 살아남을 수 있다. (지중해 기후 식물, 봄에 파종하고 나중에 수확하는 채소)	9b/9a
H4	-10~5℃	일반적인 겨울	겨울철 정원에 있는 식물은 혹독한 추위로 잎이 손상을 입을 수 있고 줄기가 마를 수 있다. 일부 강건한 식물도 길고 습한 겨울과 배수가 불량한 토양에서는 살아남을 수 없다. 특히 상록 활엽식물과 구근들, 포트에서 성장하는 식물은 영국의 일반적인 겨울에 취약하다. (초본과 목본 식물, 일부 배추속 식물, 부추류)	8b/9a
H5	-15~-10℃	추운 겨울	이 구역의 식물들은 영국 대부분의 지역에서 월동이 되지만 가림막이 없는 공간이나 북부 지역에서는 월동이 되지 않는다. 많은 상록활엽수는 잎에 손상을 받으며 포트에 심겨진 식물도 위험하다. (초본과 목본 식물, 일부 배추속 식물, 부추류)	7b/8a
H6	-20~-15℃	매우 추운 겨울	영국과 북유럽 어디에서도 월동이 가능한 식물이다. 포트에서 재배되는 식물은 월동 처리를 해주어야 동해 피해를 받지 않는다. (대륙 기후에서 자라는 초본과 목본 식물)	6b/7a
H7	-20↓	매우 추운 기온	영국의 고지대와 유럽의 혹독한 겨울 기후에서도 버틸 수 있는 식물 (대륙 기후에서 자라는 초본과 목본 식물)	6a-1

Plant Heat Zone

식물 내서성 구역이란?

USDA 식물 내한성 구역이 식물의 내한성을 가지고 등급을 나누었다면 AHS(American Horticultural Society(미국원예학회)) 내서성 구역(Heat zone)은 식물의 내서성을 가지고 등급을 나눈 지표이다. 내한성 구역 지표가 무척이나 중요한 요소이지만 식물이 생존할 수 있을 지를 결정하는 유일한 요소는 아니다. 고온에 의한 피해 또한 식물을 식재할 때 고려해야 할 중요한 요인 중 하나다. 고온에 의한 피해는 꽃봉오리가 시들 수 있게 하며 뿌리가 성장하는데 방해를 주는 요소이기에 내서성 구역 지표 또한 식물을 가꾸는 데 참고한다면 큰 도움이 될 것이다.

※ 이 책에 나와 있는 지역별 내서성 구역 등급은 대한민국 기상청의 기상 관측 자료를 이용하였다. 1985년 1월 1일부터 2014년 12월 31일까지 각 일일 기온이 30℃ 이상인 날의 합을 더한 뒤 평균을 내어 나온 값이며 관측 기록이 30년이 되지 않은 지점은 관측이 시작된 시점부터 2014년 12월 31일까지의 기상 자료를 사용하였다. 지도에 색칠되어 있는 식물 내서성 구역의 등급은 그 지역의 평균 내서성 구역 등급을 나타낸 것이며, 자세한 지역별 내서성 구역 등급은 202~218 페이지의 시·군별 식물 내서성 구역 지표를 참고 하면 된다.

대한민국 시·군별 내서성 지도
Plant Heat Zone of Korea

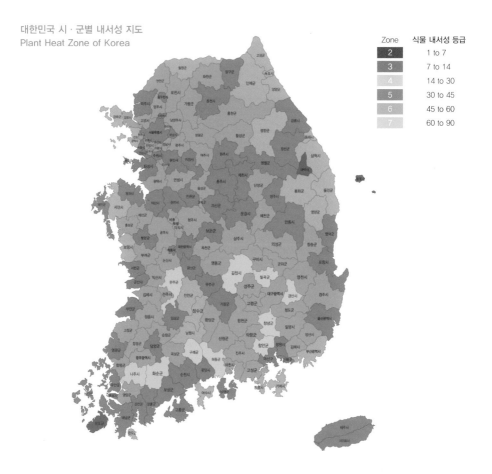

▌시 · 군별 식물 내서성 구역 지표(관측지점 기준)

서울특별시

ZONE	주소	기상 관측 시작 연도	기상관측 종류	해발고도(m)
6	서울특별시 강남구 삼성동	1998	방재관측	59.6
6	서울특별시 강동구 고덕동	1998	방재관측	56.9
6	서울특별시 강북구 수유동	2002	방재관측	55.7
5	서울특별시 강서구 화곡동	1998	방재관측	79.1
5	서울특별시 관악구 남현동	2011	방재관측	87.1
5	서울특별시 관악구 신림동	1998	방재관측	145.1
6	서울특별시 광진구 자양동	1998	방재관측	38
5	서울특별시 구로구 궁동	2002	방재관측	53.5
6	서울특별시 금천구 독산동	1998	방재관측	99.9
6	서울특별시 노원구 공릉동	1998	방재관측	52.1
6	서울특별시 도봉구 방학동	1998	방재관측	55.5
6	서울특별시 동대문구 전농동	1998	방재관측	49.4
6	서울특별시 동작구 사당동	2013	방재관측	17
5	서울특별시 동작구 신대방동	1998	방재관측	33.8
6	서울특별시 마포구 망원동	1998	방재관측	25.5
6	서울특별시 서대문구 신촌동	1998	방재관측	100.6
7	서울특별시 서초구 서초동	1998	방재관측	35.5
5	서울특별시 성동구 성수동1가	2001	방재관측	33.7
5	서울특별시 성북구 정릉동	1998	방재관측	125.9
6	서울특별시 송파구 잠실동	1998	방재관측	53.6
6	서울특별시 양천구 목동	1998	방재관측	9.7
6	서울특별시 영등포구 당산동	1998	방재관측	24.4
6	서울특별시 영등포구 여의도동	1998	방재관측	10.7
6	서울특별시 용산구 이촌동	1998	방재관측	32.6
5	서울특별시 은평구 진관내동	1998	방재관측	70
5	서울특별시 종로구 송월동	1985	지상관측	85.8
3	서울특별시 종로구 평창동	2011	방재관측	332.6
5	서울특별시 중구 예장동	1998	방재관측	266.4
6	서울특별시 중랑구 면목동	1998	방재관측	40.2

부산광역시

ZONE	주소	기상 관측 시작 연도	기상관측 종류	해발고도(m)
4	부산광역시 강서구 대항동	1998	방재관측	73.3
6	부산광역시 금정구 장전동	1998	방재관측	71.1
5	부산광역시 기장군 일광면 이천리	1998	방재관측	65
5	부산광역시 남구 대연동	1998	방재관측	14.9

2	부산광역시 남구 용호동	2011	방재관측	37.72
5	부산광역시 동래구 명륜동	1998	방재관측	18.9
5	부산광역시 부산진구 범천동	1998	방재관측	17.6
5	부산광역시 북구 구포동	1998	방재관측	34.5
5	부산광역시 사하구 신평동	2002	방재관측	11.1
2	부산광역시 서구 서대신동3가	1998	방재관측	518.5
3	부산광역시 영도구 동삼동	1998	방재관측	137.9
4	부산광역시 영도구 신선동3가	2011	방재관측	78.58
4	부산광역시 중구 대청동1가	1985	지상관측	69.56
4	부산광역시 해운대구 우동	1998	방재관측	63

대구광역시

ZONE	주소	기상 관측 시작 연도	기상관측 종류	해발고도(m)
7	대구광역시 달성군 현풍면 원교리	1998	방재관측	36.1
6	대구광역시 동구 신암동	1985	지상관측	64.08
6	대구광역시 동구 효목동	2014	지상관측	49
7	대구광역시 서구 중리동	1997	방재관측	62.8
7	대구광역시 수성구 만촌동	1998	방재관측	63

인천광역시

ZONE	주소	기상 관측 시작 연도	기상관측 종류	해발고도(m)
4	인천광역시 강화군 교동면 대룡리	1998	방재관측	41.9
4	인천광역시 강화군 삼성리	1985	지상관측	47.01
4	인천광역시 강화군 서도면 볼음도리	2000	방재관측	13.3
4	인천광역시 강화군 양도면 도장리	1998	방재관측	29
4	인천광역시 부평구 구산동	2002	방재관측	31
6	인천광역시 서구 공촌동	1998	방재관측	45.2
4	인천광역시 서구 금곡동	1998	방재관측	35
5	인천광역시 연수구 동춘동	1998	방재관측	9.1
4	인천광역시 연수구 동춘동	2002	방재관측	10.2
3	인천광역시 옹진군 대청면 소청리	2000	방재관측	76.1
2	인천광역시 옹진군 덕적면 백아리	2002	방재관측	60.5
3	인천광역시 옹진군 덕적면 진리	1998	방재관측	203
2	인천광역시 옹진군 백령면 진촌리	1999	방재관측	32.8
3	인천광역시 옹진군 북도면 장봉리	1998	방재관측	10.4

3	인천광역시 옹진군 연평면 연평리	1998	방재관측	13
2	인천광역시 옹진군 연화리	2000	지상관측	144.86
4	인천광역시 옹진군 영흥면 내리	2002	방재관측	26
2	인천광역시 옹진군 영흥면 외리	2002	방재관측	13.3
3	인천광역시 옹진군 자월면 자월리	2000	방재관측	18.8
4	인천광역시 중구 남북동	1998	방재관측	15
4	인천광역시 중구 무의동	2002	방재관측	22.9
4	인천광역시 중구 운남동	1998	방재관측	23.9
3	인천광역시 중구 을왕동	1998	방재관측	124
4	인천광역시 중구 전동	1985	지상관측	71.43

광주광역시

ZONE	주소	기상 관측 시작 연도	기상관측 종류	해발고도(m)
7	광주광역시 광산구 용곡동	1998	방재관측	30.4
6	광주광역시 동구 서석동	1998	방재관측	107.9
1	광주광역시 동구 용연동	2002	방재관측	911.8
7	광주광역시 북구 오룡동	1998	방재관측	32.4
6	광주광역시 북구 운암동	1985	지상관측	72.38
6	광주광역시 서구 풍암동	1998	방재관측	63

대전광역시

ZONE	주소	기상 관측 시작 연도	기상관측 종류	해발고도(m)
6	대전광역시 대덕구 장동	1998	방재관측	83.9
6	대전광역시 동구 세천동	1998	방재관측	91.8
5	대전광역시 유성구 구성동	1985	지상관측	68.94
6	대전광역시 중구 문화동	1998	방재관측	77.3

울산광역시

ZONE	주소	기상 관측 시작 연도	기상관측 종류	해발고도(m)
6	울산광역시 남구 고사동	1998	방재관측	12.4
3	울산광역시 동구 방어동	1998	방재관측	83
5	울산광역시 북구 정자동	2000	방재관측	11
6	울산광역시 울주군 삼동면 하잠리	2002	방재관측	60.7
6	울산광역시 울주군 상북면 향산리	1998	방재관측	124.3
2	울산광역시 울주군 서생면 대송리	1998	방재관측	24
5	울산광역시 울주군 온산읍 이진리	2009	방재관측	59.4

5	울산광역시 중구 북정동	1985	지상관측	34.57

세종특별자치시

ZONE	주소	기상 관측 시작 연도	기상관측 종류	해발고도(m)
6	세종특별자치시 금남면 성덕리	2006	방재관측	43.4
6	세종특별자치시 연기면 세종리	2013	방재관측	33.1
5	세종특별자치시 연서면 봉암리	1998	방재관측	28.1
6	세종특별자치시 전의면 읍내리	1998	방재관측	80.4

경기도

ZONE	주소	기상 관측 시작 연도	기상관측 종류	해발고도(m)
6	경기도 가평군 북면 목동리	1998	방재관측	106.6
6	경기도 가평군 청평면 대성리	1998	방재관측	41.4
5	경기도 가평군 하면 현리	1998	방재관측	168.5
6	경기도 고양시덕양구 용두동	1998	방재관측	100
6	경기도 고양시일산구 성석동	1998	방재관측	11.5
6	경기도 과천시 과천동	1998	방재관측	44.4
2	경기도 과천시 중앙동	1998	방재관측	622.4
6	경기도 광주시 송정동	1998	방재관측	119
6	경기도 구리시 토평동	1998	방재관측	66.1
6	경기도 남양주시 퇴계원면 퇴계원리	1998	방재관측	38
5	경기도 동두천시 생연동	1998	지상관측	109.06
6	경기도 성남시중원구 여수동	1998	방재관측	28.7
5	경기도 수원시 권선구 서둔동	1985	지상관측	34.06
5	경기도 시흥시 군자동	1998	방재관측	23
2	경기도 안산시 단원구 대부남동	2013	방재관측	38
4	경기도 안산시 대부북동	1998	방재관측	32.8
5	경기도 안산시 사동	1998	방재관측	5.6
6	경기도 안성시 미양면 개정리	2006	방재관측	25
6	경기도 안성시 석정동	1998	방재관측	45.2
6	경기도 양주시 광적면 가납리	1998	방재관측	85.2
6	경기도 양평군 양근리	1985	지상관측	47.98
6	경기도 양평군 양동면 쌍학리	1998	방재관측	110
5	경기도 양평군 양서면 양수리	1998	방재관측	48
5	경기도 양평군 용문면 중원리	2002	방재관측	197.3
5	경기도 양평군 청운면 용두리	1998	방재관측	126.8
7	경기도 여주군 대신면 율촌리	1998	방재관측	51.3

6	경기도 여주군 여주읍 점봉리	1998	방재관측	115.9
6	경기도 연천군 백학면 두일리	2003	방재관측	38
5	경기도 연천군 신서면 도신리	1998	방재관측	82.2
5	경기도 연천군 중면 삼곶리	2002	방재관측	54.7
6	경기도 연천군 청산면 장탄리	1998	방재관측	120.2
6	경기도 오산시 외삼미동	1998	방재관측	40.2
6	경기도 용인시 백암면 백암리	1998	방재관측	112
5	경기도 용인시 이동면 송전리	2002	방재관측	143.8
5	경기도 용인시 포곡면 둔전리	1998	방재관측	84.4
5	경기도 의정부시 용현동	1998	방재관측	72
5	경기도 이천시 신하리	1985	지상관측	78.01
6	경기도 이천시 장호원읍 진암리	1998	방재관측	87.3
6	경기도 파주시 아동동	1998	방재관측	56
5	경기도 파주시 운천리	2002	지상관측	29.42
5	경기도 파주시 장단면 도라산리	1998	방재관측	17.3
5	경기도 파주시 적성면 구읍리	1998	방재관측	70.3
6	경기도 평택시 비전동	1998	방재관측	36.5
5	경기도 포천시 소흘읍 직동리	1998	방재관측	101.5
6	경기도 포천시 이동면 장암리	1998	방재관측	59
6	경기도 포천시 일동면 기산리	1998	방재관측	171.7
6	경기도 포천시 자작동	1998	방재관측	102.1
7	경기도 포천시 창수면 고소성리	1998	방재관측	80
5	경기도 화성시 남양동	1998	방재관측	54.6
2	경기도 화성시 백미리	2013	방재관측	70
6	경기도 화성시 서신면 전곡리	1998	방재관측	8
5	경기도 화성시 우정읍 조암리	1998	방재관측	18

강원도

ZONE	주소	기상 관측 시작 연도	기상관측 종류	해발고도(m)
4	강원도 강릉시 강문동	1998	방재관측	3.3
4	강원도 강릉시 방동리	2008	지상관측	78.9
4	강원도 강릉시 연곡면 송림리	1998	방재관측	10
5	강원도 강릉시 옥계면 현내리	1998	방재관측	15.1
2	강원도 강릉시 왕산면 송현리	2003	방재관측	658.2
5	강원도 강릉시 용강동	1985	지상관측	26.04
4	강원도 강릉시 주문진읍 주문리	1998	방재관측	10
4	강원도 고성군 간성읍 신안리	1998	방재관측	5.3
2	강원도 고성군 간성읍 흘리	1998	방재관측	596.3

4	강원도 고성군 봉포리	1985	지상관측	18.06
2	강원도 고성군 토성면 원암리	1998	방재관측	770.5
4	강원도 고성군 현내면 대진리	1998	방재관측	30.3
4	강원도 고성군 현내면 명파리	2000	방재관측	5
4	강원도 동해시 용정동	1992	지상관측	39.91
4	강원도 삼척시 교동	2004	방재관측	67.6
4	강원도 삼척시 근덕면 궁촌리	2006	방재관측	70.7
2	강원도 삼척시 도계읍 황조리	2011	방재관측	814.2
5	강원도 삼척시 신기면 신기리	2003	방재관측	81.8
4	강원도 삼척시 원덕읍 산양리	1998	방재관측	36
3	강원도 삼척시 하장면 광동리	1998	방재관측	653.8
4	강원도 속초시 설악동	1998	방재관측	189.5
4	강원도 속초시 조양동	2007	방재관측	3
5	강원도 양구군 방산면 현리	1998	방재관측	262.2
5	강원도 양구군 양구읍 정림리	1998	방재관측	188.9
3	강원도 양구군 해안면 현리	1998	방재관측	448
4	강원도 양양군 강현면 장산리	1998	방재관측	13.4
4	강원도 양양군 서면 영덕리	1998	방재관측	146.1
4	강원도 양양군 서면 오색리	1998	방재관측	337.4
4	강원도 양양군 양양읍 송암리	2007	방재관측	4.3
4	강원도 영월군 상동읍 내덕리	1998	방재관측	420
6	강원도 영월군 주천면 주천리	1998	방재관측	283
5	강원도 영월군 하송리	1995	지상관측	240.6
5	강원도 원주시 명륜동	1985	지상관측	148.64
6	강원도 원주시 문막읍 취병리	2004	방재관측	85
7	강원도 원주시 부론면 흥호리	1998	방재관측	52
4	강원도 원주시 소초면 학곡리	1998	방재관측	268.5
4	강원도 원주시 신림면 신림리	1998	방재관측	352
3	강원도 원주시 판부면 서곡리	2003	방재관측	518
4	강원도 인제군 기린면 현리	1998	방재관측	336.5
5	강원도 인제군 남면 신남리	1998	방재관측	236.4
4	강원도 인제군 남북리	1985	지상관측	200.16
1	강원도 인제군 북면 용대리	2002	방재관측	1262.6
5	강원도 인제군 북면 원통리	2002	방재관측	253.7
5	강원도 인제군 서화면 천도리	1998	방재관측	311
5	강원도 정선군 북실리	2011	지상관측	307.4
5	강원도 정선군 북평면 장열리	1998	방재관측	436
2	강원도 정선군 사북리	2011	방재관측	821
4	강원도 정선군 신동읍 예미리	1998	방재관측	392

4	강원도 정선군 임계면 봉산리	1998	방재관측	488
4	강원도 철원군 군탄리	1988	지상관측	153.7
4	강원도 철원군 근남면 마현리	2002	방재관측	291.4
5	강원도 철원군 김화읍 학사리	1998	방재관측	246
5	강원도 철원군 동송읍 양지리	1999	방재관측	200
4	강원도 철원군 원동면	2003	방재관측	210.8
1	강원도 철원군 임남면	2003	방재관측	1062
4	강원도 철원군 철원읍 외촌리	1999	방재관측	201.6
3	강원도 철원군 철원읍 화지리	2003	방재관측	206.7
5	강원도 춘천시 남산면 방하리	2012	방재관측	55
6	강원도 춘천시 남산면 창촌리	1998	방재관측	93.6
5	강원도 춘천시 북산면 오항리	1998	방재관측	240.6
2	강원도 춘천시 용산리	2013	방재관측	852.2
5	강원도 춘천시 우두동	1985	지상관측	77.71
5	강원도 춘천시 유포리	2014	방재관측	142
3	강원도 태백시 황지동	1985	지상관측	712.82
2	강원도 평창군 대관령면 용산리	2002	방재관측	770
4	강원도 평창군 대화면 대화리	1998	방재관측	445.6
3	강원도 평창군 봉평면 면온리	2000	방재관측	567
4	강원도 평창군 봉평면 창동리	1998	방재관측	570.4
4	강원도 평창군 진부면	1998	방재관측	540.7
4	강원도 평창군 평창읍 여만리	1998	방재관측	303.2
2	강원도 평창군 횡계리	1985	지상관측	772.57
1	강원도 홍천군 내면 명개리	2003	방재관측	1015.1
4	강원도 홍천군 내면 창촌리	1998	방재관측	599.5
6	강원도 홍천군 두촌면 자은리	1998	방재관측	220.5
6	강원도 홍천군 서면 반곡리	1998	방재관측	92.6
5	강원도 홍천군 서석면 풍암리	1998	방재관측	312.9
6	강원도 홍천군 연봉리	1985	지상관측	140.92
1	강원도 화천군 사내면 광덕리	2004	방재관측	1050.1
5	강원도 화천군 사내면 사창리	1998	방재관측	302
4	강원도 화천군 상서면 산양리	2002	방재관측	263.8
6	강원도 화천군 하남면 위라리	1998	방재관측	113
5	강원도 화천군 화천읍 동촌리	2003	방재관측	224.4
4	강원도 횡성군 안흥면 안흥리	1998	방재관측	430.7
5	강원도 횡성군 청일면 유동리	1998	방재관측	222
6	강원도 횡성군 횡성읍 읍하리	1998	방재관측	110.5

충청남도

ZONE	주소	기상 관측 시작 연도	기상관측 종류	해발고도(m)
5	충청남도 계룡시 남선면 부남리	2006	방재관측	132
2	충청남도 계룡시 남선면 부남리	2000	방재관측	831.7
6	충청남도 공주시 웅진동	1998	방재관측	50
6	충청남도 공주시 유구읍 석남리	1998	방재관측	71.5
6	충청남도 공주시 정안면 평정리	1998	방재관측	61.3
5	충청남도 금산군 아인리	1985	지상관측	170.35
6	충청남도 논산시 광석면 이사리	1998	방재관측	5.9
7	충청남도 논산시 연무읍 안심리	1998	방재관측	56.4
5	충청남도 당진시 채운동	1998	방재관측	50
4	충청남도 보령시 신흑동	2000	방재관측	42.3
4	충청남도 보령시 오천면 삽시도리	1998	방재관측	22.6
3	충청남도 보령시 오천면 외연도리	2002	방재관측	20.5
4	충청남도 보령시 요암동	1985	지상관측	15.49
6	충청남도 부여군 가탑리	1985	지상관측	11.33
6	충청남도 부여군 양화면	1998	방재관측	10
4	충청남도 서산시 대산읍 대죽리	1998	방재관측	16
4	충청남도 서산시 수석동	1985	지상관측	28.91
5	충청남도 서천군 마서면 계동리	1998	방재관측	8
4	충청남도 서천군 서면 신합리	1998	방재관측	21.3
5	충청남도 아산시 인주면 대음리	1998	방재관측	27.5
1	충청남도 예산군 덕산면 대치리	2003	방재관측	674.9
5	충청남도 예산군 봉산면 고도리	1998	방재관측	43.6
6	충청남도 예산군 신암면 종경리	1998	방재관측	38.7
6	충청남도 천안시 성거읍 신월리	1998	방재관측	41.4
5	충청남도 천안시동남구 신방동	1985	지상관측	21.3
6	충청남도 청양군 정산면 학암리	2003	방재관측	21.9
5	충청남도 청양군 청양읍 정좌리	1998	방재관측	98.1
2	충청남도 태안군 근흥면 가의도리	1998	방재관측	103.6
3	충청남도 태안군 근흥면 가의도리	2002	방재관측	58.9
3	충청남도 태안군 근흥면 신진도리	1998	방재관측	8
3	충청남도 태안군 소원면 모항리	2000	방재관측	69.6
2	충청남도 태안군 원북면 방갈리	2002	방재관측	26.5
4	충청남도 태안군 이원면 포지리	1998	방재관측	23.6
5	충청남도 태안군 태안읍 남문리	1998	방재관측	40.9
5	충청남도 홍성군 서부면 이호리	1998	방재관측	22.6
6	충청남도 홍성군 홍성읍 옥암리	1998	방재관측	49.3

충청북도

ZONE	주소	기상 관측 시작 연도	기상관측 종류	해발고도(m)
5	충청북도 괴산군 괴산읍 서부리	1998	방재관측	127
5	충청북도 괴산군 청천면 송면리	1998	방재관측	225.1
6	충청북도 단양군 단양읍 별곡리	1998	방재관측	184.2
6	충청북도 단양군 영춘면 상리	1998	방재관측	183.3
5	충청북도 보은군 내속리면 상판리	1998	방재관측	324.9
5	충청북도 보은군 성주리	1985	지상관측	174.99
5	충청북도 영동군 관리	1985	지상관측	244.73
7	충청북도 영동군 양산면 가곡리	1998	방재관측	120.5
6	충청북도 영동군 영동읍 부용	1998	방재관측	137.1
6	충청북도 옥천군 옥천읍 매화리	1998	방재관측	117.8
6	충청북도 옥천군 청산면 지전리	1999	방재관측	51.9
5	충청북도 음성군 금왕읍 용계리	1998	방재관측	132
6	충청북도 음성군 음성읍 평곡리	1998	방재관측	161
5	충청북도 제천시 덕산면 도전리	1998	방재관측	282
5	충청북도 제천시 백운면 평동리	2002	방재관측	230
5	충청북도 제천시 신월동	1985	지상관측	263.61
6	충청북도 제천시 청풍면 물태리	1998	방재관측	185.7
6	충청북도 제천시 한수면 탄지리	2002	방재관측	141
6	충청북도 증평군 증평읍 연탄리	1998	방재관측	74.7
5	충청북도 진천군 진천읍	1998	방재관측	90.5
6	충청북도 청원군 문의면 미천리	1998	방재관측	113
6	충청북도 청원군 미원리	2013	방재관측	92
5	충청북도 청원군 미원면 미원리	1998	방재관측	244
5	충청북도 청원군 오창면 송대리	2003	방재관측	66
5	충청북도 청주시 청원군 오창읍	2014	방재관측	66
6	충청북도 청주시상당구 명암동	2002	방재관측	127.5
6	충청북도 청주시흥덕구 복대동	1985	지상관측	57.16
5	충청북도 충주시 노은면 신효리	1998	방재관측	116.6
5	충청북도 충주시 수안보면 안보리	1998	방재관측	232.1
5	충청북도 충주시 안림동	1985	지상관측	115.12
7	충청북도 충주시 엄정면 율능리	1998	방재관측	77.6

전라남도

ZONE	주소	기상 관측 시작 연도	기상관측 종류	해발고도(m)
5	전라남도 강진군 남포리	2010	지상관측	12.5
5	전라남도 강진군 성전면 송월리	1998	방재관측	20.1
5	전라남도 고흥군 도양읍 봉암리	1998	방재관측	10.4
4	전라남도 고흥군 도화면 구암리	1998	방재관측	140.2
4	전라남도 고흥군 봉래면 외초리	1999	방재관측	126.8
5	전라남도 고흥군 영남면 양사리	1998	방재관측	14.5
5	전라남도 고흥군 행정리	1985	지상관측	53.12
6	전라남도 곡성군 곡성읍 학정리	1998	방재관측	10
6	전라남도 곡성군 옥과면 리문리	2000	방재관측	120.5
6	전라남도 광양시 광양읍 칠성리	1998	방재관측	19
1	전라남도 광양시 옥룡면 동곡리	2003	방재관측	898.3
5	전라남도 광양시 중동	2011	지상관측	80.9
7	전라남도 구례군 구례읍 봉서리	1998	방재관측	32.3
1	라남도 구례군 산동면 좌사리	2002	방재관측	1088.9
4	전라남도 구례군 토지면 내동리	1999	방재관측	413.3
7	전라남도 나주시 금천면 원곡리	1998	방재관측	14.7
6	전라남도 나주시 다도면 신동리	1998	방재관측	80.6
5	전라남도 담양군 담양읍 천변리	1998	방재관측	35.3
5	전라남도 목포시 연산동	1985	지상관측	38
6	전라남도 무안군 몽탄면 사천리	1998	방재관측	17.8
5	전라남도 무안군 무안읍 교촌리	2001	방재관측	35
5	전라남도 무안군 운남면 연리	1998	방재관측	26.3
5	전라남도 무안군 해제면 광산리	2002	방재관측	25.1
5	전라남도 보성군 벌교읍	1998	방재관측	5
5	전라남도 보성군 보성읍 옥평리	1998	방재관측	146.3
6	전라남도 보성군 복내면 복내리	1998	방재관측	129.6
5	전라남도 보성군 예당리	2010	지상관측	2.8
5	전라남도 순천시 장천동	1998	방재관측	28.1
5	전라남도 순천시 평중리	2011	지상관측	165
6	전라남도 순천시 황전면 괴목리	2000	방재관측	79.6
5	전라남도 신안군 비금면 지당리	1998	방재관측	10
5	전라남도 신안군 안좌면 읍동리	1998	방재관측	33.1
5	전라남도 신안군 압해면 신용리	1999	방재관측	12
3	전라남도 신안군 예리	1997	지상관측	76.49
5	전라남도 신안군 임자면 진리	2002	방재관측	6
4	전라남도 신안군 자은면 구영리	1998	방재관측	18.4
4	전라남도 신안군 장산면 오음리	2002	방재관측	18.9

5	전라남도 신안군 지도읍 읍내리	1998	방재관측	22.3
4	전라남도 신안군 하의면 웅곡리	1988	방재관측	11.3
3	전라남도 신안군 흑산면 가거도리	2002	방재관측	22
3	전라남도 신안군 흑산면 태도리	2000	방재관측	35.6
3	전라남도 신안군 흑산면 홍도리	2000	방재관측	22
3	전라남도 여수시 남면 연도리	2002	방재관측	5.1
4	전라남도 여수시 돌산읍 신복리	1998	방재관측	8
4	전라남도 여수시 삼산면 거문리	1998	방재관측	9.2
4	전라남도 여수시 삼산면 초도리	2000	방재관측	38
6	전라남도 여수시 월내동	1998	방재관측	67.5
4	전라남도 여수시 중앙동	1985	지상관측	64.64
4	전라남도 여수시 화양면 안포리	1998	방재관측	34.9
4	전라남도 영광군 낙월면 상낙월리	2000	방재관측	12
5	전라남도 영광군 만곡리	2008	지상관측	37.2
5	전라남도 영광군 염산면 봉남리	1998	방재관측	15.2
6	전라남도 영암군 미암면 춘동리	1998	방재관측	16.9
6	전라남도 영암군 시종면 내동리	1998	방재관측	17.4
6	전라남도 영암군 영암읍 동무리	1998	방재관측	26.4
5	전라남도 완도군 금일읍 신구리	1998	방재관측	10.3
4	전라남도 완도군 보길면 부황리	1998	방재관측	9.3
4	전라남도 완도군 불목리	1985	지상관측	35.24
4	전라남도 완도군 신지면 월양리	2002	방재관측	21
4	전라남도 완도군 완도읍 중도리	2003	방재관측	4.4
4	전라남도 완도군 청산면 도청리	1998	방재관측	26
4	전라남도 완도군 청산면 여서리	2002	방재관측	35.4
5	전라남도 장성군 삼서면 학성리	2008	방재관측	107.7
6	전라남도 장성군 황룡면 와룡리	1998	방재관측	38.2
6	전라남도 장흥군 대덕읍 신월리	1998	방재관측	235.7
5	전라남도 장흥군 유치면 관동리	1998	방재관측	94
5	전라남도 장흥군 축내리	1985	지상관측	45.02
5	전라남도 진도군 고군면 오산리	1998	방재관측	43.2
3	전라남도 진도군 남동리	2014	지상관측	5.4
3	전라남도 진도군 사천리	2002	지상관측	476.47
4	전라남도 진도군 의신면 연주리	1998	방재관측	20.3
3	전라남도 진도군 조도면 서거차도리	2004	방재관측	4
4	전라남도 진도군 조도면 창유리	1998	방재관측	24.1
3	전라남도 진도군 지산면 인지리	2003	방재관측	37.5
6	전라남도 함평군 월야면 월야리	1998	방재관측	51.7
6	전라남도 함평군 함평읍 기각리	1998	방재관측	11

ZONE	주소	기상 관측 시작 연도	기상관측 종류	해발고도(m)
5	전라남도 해남군 남천리	1985	지상관측	13.01
5	전라남도 해남군 북일면 신월리	1998	방재관측	21.1
4	전라남도 해남군 송지면 산정리	1998	방재관측	14.5
5	전라남도 해남군 현산면 일평리	1998	방재관측	22.6
5	전라남도 해남군 화원면 청용리	1998	방재관측	15.3
5	전라남도 화순군 북면 옥리	1998	방재관측	190.4
6	전라남도 화순군 이양면 오류리	1998	방재관측	84
7	전라남도 화순군 화순읍 삼천리	1998	방재관측	78

전라북도

ZONE	주소	기상 관측 시작 연도	기상관측 종류	해발고도(m)
6	전라북도 고창군 덕산리	2007	지상관측	54
5	전라북도 고창군 매산리	2011	지상관측	52
4	전라북도 고창군 상하면 장산리	2010	방재관측	10.8
4	전라북도 고창군 심원면 도천리	1998	방재관측	18.3
5	전라북도 군산시 금동	1985	지상관측	23.2
4	전라북도 군산시 내초동	2012	방재관측	10
3	전라북도 군산시 옥도면 말도리	2002	방재관측	48.
4	전라북도 군산시 옥도면 비안도리	2009	방재관측	9.6
3	전라북도 군산시 옥도면 어청도리	1998	방재관측	52.3
4	전라북도 군산시 옥도면 장자도리	1998	방재관측	11.5
6	전라북도 김제시 서암동	1998	방재관측	26.8
5	전라북도 김제시 진봉면 고사리	1998	방재관측	14
6	전라북도 남원시 도통동	1985	방재관측	127.48
4	전라북도 남원시 산내면 부운리	1998	방재관측	480.6
5	전라북도 무주군 무주읍 당산리	1998	방재관측	205.8
4	전라북도 무주군 설천면 삼공리	1998	방재관측	599.3
1	전라북도 무주군 설천면 심곡리	2002	방재관측	1518.3
4	전라북도 부안군 변산면 격포리	1998	방재관측	11.2
5	전라북도 부안군 역리	1985	지상관측	11.96
4	전라북도 부안군 위도면 진리	2011	방재관측	16.8
5	전라북도 부안군 줄포면 장동리	1998	방재관측	9.7
6	전라북도 순창군 교성리	2008	지상관측	127
6	전라북도 순창군 반월리	2011	방재관측	100
5	전라북도 순창군 복흥면 정산리	1998	방재관측	314
6	전라북도 완주군 구이면 원기리	2002	방재관측	101.3
7	전라북도 완주군 용진면 운곡리	1998	방재관측	60.8

6	전라북도 익산시 신흥동	1998	방재관측	14.5
6	전라북도 익산시 여산면	1998	방재관측	35.9
6	전라북도 익산시 함라면 신등리	1998	방재관측	15.9
5	전라북도 임실군 강진면 용수리	1998	방재관측	232.3
6	전라북도 임실군 신덕면 수천리	1998	방재관측	235.3
5	전라북도 임실군 이도리	1985	지상관측	247.87
4	전라북도 장수군 선창리	1988	지상관측	406.49
6	전라북도 전주시완산구 남노송동	1985	지상관측	53.4
5	전라북도 정읍시 내장동	2000	방재관측	107.8
6	전라북도 정읍시 상동	1985	지상관측	44.58
6	전라북도 정읍시 태인면 태창리	1998	방재관측	20.4
5	전라북도 진안군 동향면 대량리	1998	방재관측	320.2
5	전라북도 진안군 주천면 신양리	1998	방재관측	259
4	전라북도 진안군 진안읍 반월리	1998	방재관측	288.9

경상남도

ZONE	주소	기상 관측 시작 연도	기상관측 종류	해발고도(m)
4	경상남도 거제시 남부면 저구리	1998	방재관측	11.2
4	경상남도 거제시 능포동	2002	방재관측	54.7
3	경상남도 거제시 일운면 지세포리	1998	방재관측	111.5
4	경상남도 거제시 장목면 장목리	2004	방재관측	26
6	경상남도 거창군 북상면 갈계리	1998	방재관측	327.4
5	경상남도 거창군 정장리	1985	지상관측	225.95
6	경상남도 고성군 개천면 명성리	1998	방재관측	74.1
6	경상남도 고성군 고성읍 죽계리	1998	방재관측	11
6	경상남도 김해시 부원동	2008	지상관측	59.34
7	경상남도 김해시 생림면 봉림리	1998	방재관측	29.1
6	경상남도 김해시 진영읍 우동리	2010	방재관측	20.6
5	경상남도 남해군 다정리	1985	지상관측	44.95
4	경상남도 남해군 상주면 상주리	1998	방재관측	22.1
6	경상남도 밀양시 내이동	1985	지상관측	11.21
7	경상남도 밀양시 산내면 송백리	1998	방재관측	125.5
4	경상남도 사천시 대방동	1998	방재관측	23.2
6	경상남도 사천시 용현면 신복리	1998	방재관측	23.5
6	경상남도 산청군 단성면 강누리	1998	방재관측	56.2
6	경상남도 산청군 삼장면 대포리	2000	방재관측	134.5
4	경상남도 산청군 시천면 중산리	2002	방재관측	353.5
2	경상남도 산청군 시천면 중산리	2003	방재관측	864.7

6	경상남도 산청군 지리	1985	지상관측	138.07
6	경상남도 양산시 금산리	2009	지상관측	14.85
5	경상남도 양산시 남부동	1998	방재관측	40.6
6	경상남도 양산시 웅상읍 삼호리	1998	방재관측	100
5	경상남도 양산시 원동면 원리	1998	방재관측	19.6
6	경상남도 의령군 무전리	2010	지상관측	14.18
6	경상남도 의령군 칠곡면 신포리	1998	방재관측	61.9
4	경상남도 진주시 대곡면	2014	방재관측	22
7	경상남도 진주시 수곡면 대천리	1998	방재관측	72.5
6	경상남도 진주시 평거동	1985	지상관측	30.21
7	경상남도 창녕군 길곡면 증산리	1998	방재관측	23.5
7	경상남도 창녕군 대지면 효정리	1998	방재관측	24.3
7	경상남도 창녕군 도천면 우강리	1998	방재관측	13.7
5	경상남도 창원시 마산합포구 진북면	1998	방재관측	25.6
6	경상남도 창원시 성신구 내동	2009	지상관측	46.77
5	경상남도 창원시 진해구 웅천동	1998	방재관측	16.3
5	경상남도 창원시마산합포구 가포동	1985	지상관측	37.15
4	경상남도 통영시 사량면 금평리	1998	방재관측	15.2
4	경상남도 통영시 욕지면 동항리	1998	방재관측	80
4	경상남도 통영시 장평리	1985	지상관측	46.27
4	경상남도 통영시 정량동	1985	지상관측	32.67
3	경상남도 통영시 한산면 매죽리	2006	방재관측	43.9
5	경상남도 하동군 금남면 덕천리	1998	방재관측	11.3
7	경상남도 하동군 하동읍 읍내리	1998	방재관측	21.6
7	경상남도 하동군 화개면	1998	방재관측	27.9
7	경상남도 함안군 가야읍 산서리	1998	방재관측	8.9
5	경상남도 함양군 서하면 송계리	1998	방재관측	366.1
6	경상남도 함양군 용평리	2010	지상관측	151.2
6	경상남도 함양군 함양읍 백천리	1998	방재관측	139.4
3	경상남도 합천군 가야면 치인리	2002	방재관측	595.7
5	경상남도 합천군 대병면 회양리	1998	방재관측	248
7	경상남도 합천군 삼가면 두모리	1998	방재관측	98.7
7	경상남도 합천군 청덕면 가현리	1998	방재관측	22.2
6	경상남도 합천군 합천리	1985	지상관측	33.1

216

경상북도

ZONE	주소	기상 관측 시작 연도	기상관측 종류	해발고도(m)
7	경상북도 경산시 중방동	1998	방재관측	77.1
7	경상북도 경산시 하양읍 금락리	1998	방재관측	67.8
4	경상북도 경주시 감포읍 나정리	1998	방재관측	25.2
5	경상북도 경주시 산내면 내일리	1998	방재관측	211.9
4	경상북도 경주시 양북면 장항리	2003	방재관측	341.4
6	경상북도 경주시 외동읍 입실리	1998	방재관측	107.7
6	경상북도 경주시 탑동	2011	지상관측	37.64
6	경상북도 경주시 황성동	1998	방재관측	33.6
6	경상북도 고령군 고령읍 내곡리	1998	방재관측	41.5
6	경상북도 구미시 남통동	1985	지상관측	48.8
7	경상북도 구미시 선산읍 이문리	1998	방재관측	38.4
6	경상북도 군위군 군위읍 내량리	1998	방재관측	82.4
6	경상북도 군위군 소보면 위성리	1998	방재관측	68.3
6	경상북도 군위군 의흥면 수서리	1998	방재관측	128.7
7	경상북도 김천시 구성면 하강리	1998	방재관측	83.3
5	경상북도 김천시 대덕면 관기리	1998	방재관측	19.9
6	경상북도 문경시 농암면 농암리	1998	방재관측	188.6
5	경상북도 문경시 동로면 생달리	1998	방재관측	307.9
5	경상북도 문경시 마성면 외어리	1998	방재관측	181.2
5	경상북도 문경시 유곡동	1985	지상관측	170.61
5	경상북도 봉화군 봉화읍 거촌리	1998	방재관측	301.5
4	경상북도 봉화군 석포면 대현리	1998	방재관측	495.8
4	경상북도 봉화군 의양리	1988	지상관측	319.85
6	경상북도 상주시 공성면 장동리	1998	방재관측	94
6	경상북도 상주시 낙양동	2002	지상관측	96.17
5	경상북도 상주시 화서면 달천리	1998	방재관측	300
6	경상북도 성주군 성주읍 삼산리	1998	방재관측	48.3
6	경상북도 안동시 길안면 천지리	1998	방재관측	137.2
6	경상북도 안동시 예안면 정산리	1998	방재관측	207
5	경상북도 안동시 운안동	1985	지상관측	140.1
7	경상북도 안동시 풍천면 하회리	1998	방재관측	92.9
5	경상북도 영덕군 성내리	1985	지상관측	42.12
5	경상북도 영덕군 영덕읍 구미리	1998	방재관측	23
4	경상북도 영양군 수비면 발리리	1998	방재관측	415
4	경상북도 영양군 영양읍 서부리	1998	방재관측	248.4
5	경상북도 영주시 부석면 소천리	1998	방재관측	294.4
5	경상북도 영주시 성내리	1985	지상관측	210.79

6	경상북도 영주시 이산면 원리	1998	방재관측	188.8
6	경상북도 영천시 망정동	1985	지상관측	93.6
7	경상북도 영천시 신녕면 화성리	1998	방재관측	126.2
6	경상북도 영천시 화북면 오산리	1998	방재관측	134.4
6	경상북도 예천군 예천읍 동본리	1998	방재관측	100.9
6	경상북도 예천군 풍양면 낙상리	1998	방재관측	82.6
3	경상북도 울릉군 도동리	1985	지상관측	222.8
4	경상북도 울릉군 북면 천부리	2002	방재관측	30.4
4	경상북도 울릉군 서면 태하리	1998	방재관측	172.8
2	경상북도 울릉군 울릉읍 독도리	2010	방재관측	96.2
5	경상북도 울진군 북면 소곡리	1998	방재관측	75.2
5	경상북도 울진군 서면 삼근리	1998	방재관측	226
4	경상북도 울진군 연지리	1985	지상관측	50
5	경상북도 울진군 온정면 소태리	1998	방재관측	144.4
4	경상북도 울진군 죽변면 죽변리	2000	방재관측	41
4	경상북도 울진군 후포면 금음리	1998	방재관측	59.2
7	경상북도 의성군 안계면 용기리	1998	방재관측	61
6	경상북도 의성군 원당리	1985	지상관측	81.81
5	상북도 청도군 금천면	1999	방재관측	41.5
6	경상북도 청도군 화양읍 송북리	1998	방재관측	76.3
5	경상북도 청송군 부동면 상의리	2002	방재관측	261
6	경상북도 청송군 청송읍	2011	지상관측	206.23
6	경상북도 청송군 청송읍 송생리	1998	방재관측	208.7
5	경상북도 청송군 현서면 덕계리	1998	방재관측	326
7	경상북도 칠곡군 가산면 천평리	1998	방재관측	121.6
4	경상북도 칠곡군 동명면 득명리	2000	방재관측	571.6
7	경상북도 칠곡군 약목면 동안리	1998	방재관측	29.4
5	경상북도 포항시남구 구룡포읍 병포리	1998	방재관측	42.4
4	경상북도 포항시남구 대보면 대보리	1998	방재관측	9.4
5	경상북도 포항시남구 송도동	1985	지상관측	2.28
5	경상북도 포항시북구 기계면 현내리	1998	방재관측	53.6
5	경상북도 포항시북구 죽장면 입암리	1998	방재관측	223.4
5	경상북도 포항시북구 청하면 덕성리	1998	방재관측	59.9

제주특별자치도

ZONE	주소	기상 관측 시작 연도	기상관측 종류	해발고도(m)
4	제주특별자치도 서귀포시 대포동	2002	방재관측	407.2
4	제주특별자치도 서귀포시 남원읍 남원리	1998	방재관측	17.2
4	제주특별자치도 서귀포시 남원읍 한남리	1998	방재관측	246.3
4	제주특별자치도 서귀포시 대정읍 가파리	2003	방재관측	12.2
2	제주특별자치도 서귀포시 대정읍 가파리	2002	방재관측	25.5
4	제주특별자치도 서귀포시 대정읍 하모리	2000	방재관측	11.4
3	제주특별자치도 서귀포시 대포동	2014	방재관측	143
2	제주특별자치도 서귀포시 법환동	2012	방재관측	177.6
5	제주특별자치도 서귀포시 색달동	2002	방재관측	60.9
5	제주특별자치도 서귀포시 서귀동	1985	지상관측	48.96
4	제주특별자치도 서귀포시 신산리	1985	지상관측	17.75
5	제주특별자치도 서귀포시 안덕면 서광리	1998	방재관측	143.5
5	제주특별자치도 서귀포시 표선면 하천리	1999	방재관측	77.2
5	제주특별자치도 제주시 건입동	1985	지상관측	20.45
4	제주특별자치도 제주시 고산리	1988	지상관측	74.29
5	제주특별자치도 제주시 구좌읍 세화리	1998	방재관측	18.4
3	제주특별자치도 제주시 아라일동	2002	방재관측	374.7
4	제주특별자치도 제주시 애월읍 유수암리	1998	방재관측	422.9
4	제주특별자치도 제주시 우도면 서광리	1998	방재관측	38.5
1	제주특별자치도 제주시 조천읍 교래리	1999	방재관측	757.4
4	제주특별자치도 제주시 조천읍 선흘리	1998	지상관측	340.6
4	제주특별자치도 제주시 추자면 대서리	1978	지상관측	7.5
5	제주특별자치도 제주시 한림읍 한림리	1998	방재관측	21.6
1	제주특별자치도 제주시 해안동	2000	방재관측	968.3

참고문헌 및 웹사이트

국립수목원 저, 『국가표준재배식물목록』, 국립수목원, 2010.

김종근, 정대한, 정우철, 노회은, 신귀현, 권순식, 손상용, 『테마가 있는 정원식물』, 한숲, 2014.

김봉찬, "만병초 재배사례", 『조경수』 130, 2012.

송기훈, "대사초와 그 종류들", 『조경생태시공』 38, 2007.

송기훈, "수크령와그 종류들", 『조경생태시공』 27, 2006.

송기훈, "억새와그 종류들", 『조경생태시공』 25, 2006.

오경아, 『가든 디자인의 발견』, 궁리, 2015.

오경아, 『정원의 발견, 궁리』, 2014.

윤평섭, 『환경 원예식물도감』, 문운당, 1998.

이병철, "정원의 기본골격 '관목의 어울림'", 『가드닝』 16, 2014.

이병철, "감각정원", 『푸른누리』 32, 2011.

이병철, "Plants combination", 『가드닝』 4, 2013.

이병철, "Plants combination", 『가드닝』 5, 2013.

이병철, "Plants combination–침엽수", 『가드닝』 9, 2014.

이유미, "교목, 관목", 『가드닝』 7, 2013.

Barbara Wise, *Container Gardening for All Seasons*, Cool Springs Press, 2012.

Jane Sterndale-Bennett, *The Winter Garden*, D&C, 2006.

Susan Chivers, *Planting for Colour*, D&C, 2006.

BBC_http://www.bbc.co.uk/gardening

Dave's Garden_http://davesgarden.com

Fine Gardening_http://www.finegardening.com

Gardeners' World_http://www.gardenersworld.com

Learn2Grow_http://www.learn2grow.com/plants/

Missouri Botanical Garden_http://www.missouribotanicalgarden.org

Perennials.com_http://www.perennials.com

Perennial Resource_http://www.perennialresource.com

Royal Horticultural Society_https://www.rhs.org.uk